“码”上主食

甘智荣　主编　国家考评员、中国烹饪大师　倾力打造

重庆出版集团　重庆出版社

图书在版编目（CIP）数据

“码”上主食/甘智荣主编. —重庆:重庆出版社,2015.2（2015.4重印）
ISBN 978-7-229-09014-2

Ⅰ.①码… Ⅱ.①甘… Ⅲ.①主食-食谱 Ⅳ.①TS972.13

中国版本图书馆CIP数据核字(2014)第283054号

“码”上主食
MASHANG ZHUSHI
甘智荣　主编

出 版 人：罗小卫
责任编辑：刘　喆
特约编辑：黄细素
责任校对：李小君
装帧设计：金版文化·吴展新

重庆出版集团
重庆出版社 出版
重庆市南岸区南滨路162号1幢　邮政编码：400061　http://www.cqph.com
深圳市雅佳图印刷有限公司印刷
重庆出版集团图书发行有限公司发行
E-MAIL:fxchu@cqph.com　邮购电话：023-61520646
重庆出版社天猫旗舰店
cqcbs.tmall.com 直销
全国新华书店经销

开本：720mm×1016mm　1/16　印张：16　字数：200千
2015年3月第1版　2015年4月第2次印刷
ISBN 978-7-229-09014-2
定价：29.80元

如有印装质量问题，请向本集团图书发行有限公司调换：023-61520678

Preface 前言

主食，故名思义，主要食物，一般指用粮食制成的，如米饭、馒头等，是我们人体所需能量的主要来源。我国自进入农业社会后，就以粮食作物为主食，所以自周秦以来，诗文中关于粮食的记述很多。粮食作物古代统称“五谷”或“六谷”。至于“五谷”“六谷”所包括的品种，历来说法不一，比较可信的说法是黍、稷、麦、菽、麻为“五谷”，“六谷”即为再加上稻。由此衍生出众多的主食品种，如米饭、包子、馅饼、饺子、面条、烧饼等食物以及千变万化的主食文化、丰富多彩的样式变化，甚至还形成了中国独特的“南米北面”主食格局。

随着人们生活水平的提高，导致曾经餐桌上顿顿不离的主食，在新鲜的蔬菜水果、丰富的鸡鸭鱼肉的衬托下，越来越不受待见，甚至还招来很多误解，觉得主食热量很高，吃多了容易发胖，而且这个观点已深入人心。但事实并非如此。主食是以碳水化合物为主，1克碳水化合物和1克蛋白质分别产生4千卡的热量，1克脂肪产生9千卡的热量，而人是否长胖的一个主要原因是由于总热量的摄入量超过了消耗量，如果增加了碳水化合物的摄入，同时又减少了脂肪的摄入，那么 摄入的总热量就不会超标，因此说主食吃多容易发胖是没道理的。有些年轻女性晚上不吃主食，只吃蔬菜水果，觉得这样能到达减肥的效果。然而，晚餐不吃主食，不但减不了肥，反而丢掉了健康。

如果人体热量供应不足，就会动用组织蛋白质及脂肪来解决，而组织蛋白质的分解消耗会影响脏器功能；大量脂肪酸氧化，还会生成酮体，导致酮症，甚至酮症酸中毒。美国营养学家的最新研究显示，主食吃得少的人，体内对健康有害的胆固醇含量会增高，患心脏病的风险较大。另一项美国研究也显示，如果一周不进食面包、面条、土豆等主食，大脑的记忆与认知能力就会受到损害。中国营养学会建议，人们应保持每天适量的谷类食物摄入，一般成年人每天摄入的量为250~400克。

其实很多主食不但热量不高，还可以提供饱腹感，吃荤菜的量就可以少一点，反而有利控制体重，便于减肥，比如燕麦、红豆、荞麦和黑米等。还有人认为多吃粗粮比细粮好，这个观点也是错误的。事实上，粗粮的核心是“粮”，都含有热量，吃了太多粗粮，热量过多就会导致发胖。另外，粗粮中的一些成分会阻止其他营养素的吸收，有可能把某些微量元素带走，时间久了，有可能造成营养不均衡。吃主食的精髓在于粗细搭配，比如蒸米饭时加些小米、红豆、番薯等；煮白米粥加一把燕麦、薏米等，都是十分营养，对人体健康很有益处。但如果粗粮吃太多，就会影响消化，增加胃肠负担，造成腹胀、消化不良等问题。长期大量食用，还会影响人体对钙、铁等矿物质的吸收，降低人体免疫力。

不论出于健康还是保持体形的考虑，人们都应该保证每天的主食摄入量。一般要求，膳食中谷物等主食提供的能量占每天需要量的50%~60%，就是一个成年人一天需要约2 000千卡的热量，其中来源于主食的不少于1 000千卡，而三餐的配比最好控制在4:3:3或4:4:2，比如早上吃两个中等大小的包子，加上一碗小米粥；中午可以吃一碗面条；晚上吃一小碗米饭另加一块红薯，这就是比较合理的搭配。但要时刻注意，少吃油饼、油条等油炸主食，这些食物会吸收大量的油脂，热量远比蒸煮的主食面高得多，不但容易增肥，而且还会影响人体健康。

本书精挑细选400余款不同种类的中西主食，包括米饭、面条、饼、包子、馒头、花卷、饺子、馄饨、粥、西点等10多个品种，囊括了几乎所有最常见、老百姓最喜欢的主食品种，用详细的文字和步骤图片一步一步教您完成制作，即使是像一些80后、90后这样对厨房完全陌生的新手，也能看得明明白白，学得轻轻松松，百分百做成功。此外，本书还是一本二维码书籍，读者可以通过直接扫描每道菜品展示图附带的二维码观看该道主食的精彩制作过程，同步指导，边学边做，真正做到简单易学，是“厨房新手”迅速成长为“烹饪达人”的烹饪宝典。

Contents 目录

Part 1 寻常主食新说道

Part 2 永食不厌的米饭

Part 3

色彩缤纷的面条

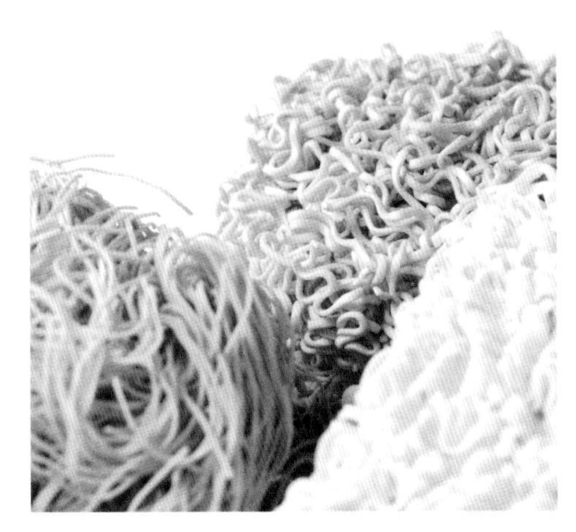

Part 4 回味无穷的饼

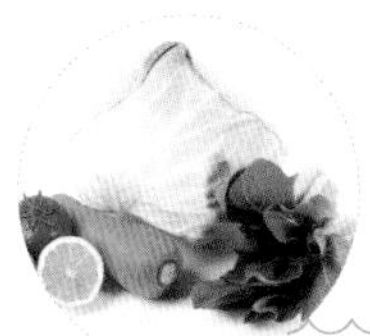

Part 5 各式各样的包子、馒头、花卷

Part 6 营养美味的饺子、馄饨

Part 7 百变多样的粥点

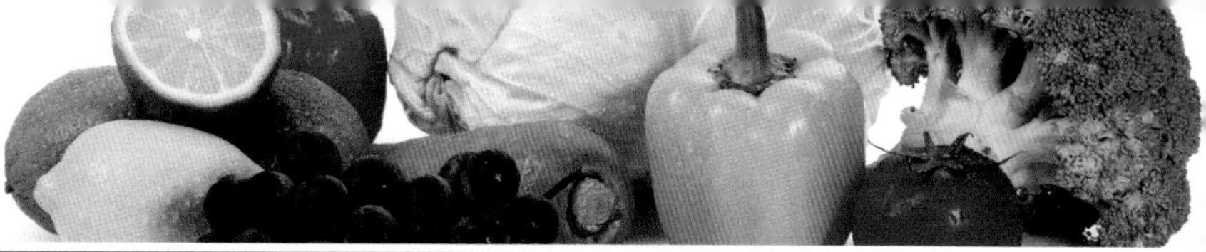

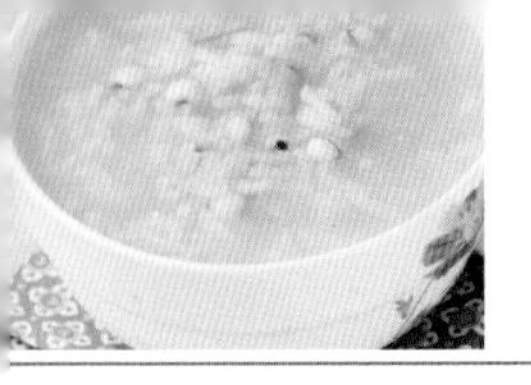
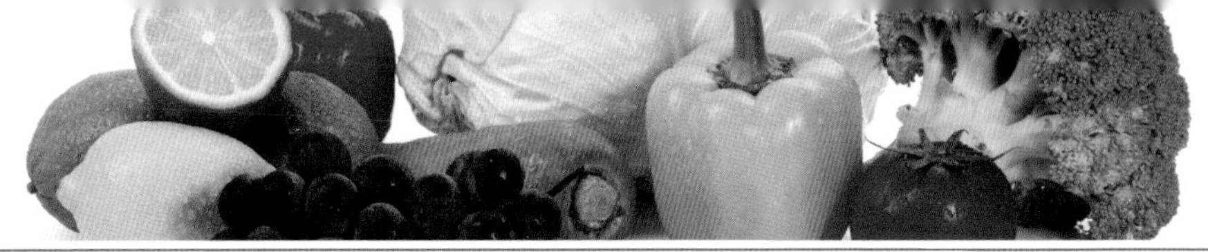

Part 1

寻常主食新说道

随着人们生活水平的提升，主食慢慢地淡出了世界舞台，人们渐渐地不再摄取它，取而代之，却是各式各样美味的菜肴，如鸡肉、猪肉、牛肉、鱼肉等。然而膳食中长期缺乏主食会使人产生头晕、心悸、脑功能障碍等问题，这绝对不是危言耸听。现在，就让我们一起来探寻主食的魅力，看看不吃主食会造成什么危害？常吃主食会给人体健康带来什么好处？制作主食需要哪些材料、工具及用途？还有制作主食的方法和秘诀等等。

生活中的主食

摩登时代，虽然男人们宣称"环肥燕瘦总相宜"，但仍有许多爱美的女人为了追求完美身材，将主食当作宿敌，敬而远之，让它们备受冷落。同时，随着生活节奏的加快，人们越来越关注自身的健康与主食的关系，但在具体实践中往往是一知半解，结果弄得适得其反。下面，就让我们一起来听听它们的独白，重新来了解我们生活中的主食，让我们吃得更健康、更滋润。

那些年，我们一起误解过的主食

让人们远离主食的原因有很多，但人们对主食的诸多误解是主因。

主食是指传统上餐桌上的主要食物，是人体所需能量的主要来源。由于主食是碳水化合物特别是淀粉的主要摄入源，因此以淀粉为主要成分的稻米、小麦、玉米等谷物，以及土豆、甘薯等块茎类食物被不同地域的人当作主食。一般来说，主食中多含有碳水化合物。

误解1：主食热量高

这种观点在广大女性心中已经根深蒂固，但这是对主食的误读。主食富含碳水化合物，很多人因此认为，摄入碳水化合物会导致发胖，所以刻意地减少对碳水化合物的摄入。事实上，人是否长胖的一个主要原因是热量的摄入量超过了总消耗量。虽然增加了碳水化合物的摄入，但是减少了脂肪的摄入，那么摄入的总热量就不会超标，就不存在"碳水化合物导致发胖"的说法。由此可以推论：说主食热量高是没有道理的。

现代人饮食中的突出问题，是脂肪和蛋白质摄入超标。很多主食不仅热量不高，还可以提供饱腹感，这样反而有利于减肥。100克米饭和20克瓜子的热量差不多，有人吃一小碗饭都有负罪感，而瓜子却一包一包地吃，如何不胖？

误解2：主食没有营养

吃瘦肉可以补铁，吃蔬菜可以补膳食纤维，吃水果可以补维生素C……大家的营养知识越来越多，可是对主食的营

养认识仍近乎空白。其实，主食除了提供能量外，还会为人体带来很多营养。玉米、荞麦、高粱这些粗粮中都含有相当丰富的膳食纤维。麸皮更是“纤维冠军”，100克麸皮含有的膳食纤维超过30克。此外，人体需要的B族维生素，很多也来源于主食。

在国际运动营养领域内，有这样一个普遍共识，那就是运动员每餐食用不低于两种富含碳水化合物的食物。专家指出，日常的碳水化合物来源非常丰富，但健康并且低脂的才为优质碳水化合物。

除了我们所熟悉的面食外，土豆是极佳的碳水化合物来源。一个中等大小的带皮土豆的碳水化合物总量为26克，并且不含脂肪和胆固醇。

此外，土豆还有一个鲜少人知的优点，就是含有非常多的膳食纤维，其钾的含量也比一般的谷类要高很多，有助于维持神经冲动的正常传递，帮助肌肉正常收缩，预防肌肉痉挛。一个中等大小的带皮土豆含有2克膳食纤维，约占人体每日所需膳食纤维摄入量的8%。

误解3：主食会导致慢性病

有人说，大米、白面富含淀粉，也就是多糖，属于能量密集型的食品，这些能量被摄取后，只能以脂肪的形式储存在体内，从而引发各种慢性疾病。其实，肥胖、糖尿病等都被称为代谢病，“吃的比消耗的多，就是代谢病的根源”。专家认为，这些归根结底是能量平衡的问题，所以通常多吃多动的人，比少吃少动、不吃不动的人更健康。

拒绝主食，让你“未老先衰”

长期不吃主食，可造成失忆

美国塔弗兹大学的调查发现，不食用意大利面、面包、比萨饼、土豆等高能量食品达一周的女性，记忆与认知能力会受损。这是因为脑细胞需要葡萄糖作为能量，但脑细胞无法贮存葡萄糖，需要通过血液持续供应。碳水化合物食品摄取不足，会造成脑细胞所需要的葡萄糖供应减少，进而对学习、记忆及思考力造成伤害。

长期不吃主食，可造成大肠功能减退

英国剑桥大学在一项研究中分析了十多个国家居民的饮食习惯与癌症之间的关系。结果发现，食用淀粉类食物越多，小肠、结肠和直肠癌的发病率越低。比如以肉类食物为主食的澳大利亚人，结肠癌发病率是以淀粉类食物为主

食的中国人的4倍。

淀粉类食物主要通过两种方式来抑制肠癌：一种方式是当淀粉进入肠道后，经过一系列的反应有助于增加粪便，促使结肠排泄，从而加速致癌代谢物排出体外。第二种方式是通过淀粉在肠内的发酵酶作用，产生大量的丁酸盐。实验证明，丁酸盐是有效癌细胞生长的抑制剂，它能够直接抑制大肠细菌繁殖，防止大肠内壁可能致癌的细胞产生。

在经济发达的国家里，人们的饮食结构已经不再以淀粉类食物为主，而是接近以肉类为主的膳食结构。但是对于东方人来说，主食和健康之间依然存在着不可分割的联系。多吃主食，不仅能满足身体的多种健康需要，还能保护大肠。

长期不吃主食，可造成身体酸碱失衡

所有的蔬菜、水果都是碱性食品。长期不吃主食，人体内酸碱平衡就会被打破。不喜欢吃米，还可以吃面，吃红薯等等。只吃碱性食物，酸性食物不吃或少吃，身体就不会好。要酸碱搭配，均衡饮食。

长期不吃主食，可造成慢性病

主食是人体能量的主要供给食物：人体所需的能量55%～60%来自主食，来自脂肪的能量约占20%～30%，来自蛋白质的能量约占10%～15%，所以不食用主食，体内的能量长时间供应不足，那样只能是在消耗自己的身体。

其实，主食是许多慢性病的根源。有人说，大米、白面里面富含淀粉，属于能量密集型的食品，这些能量被摄取后只能以脂肪的形式储存在体内，从而引发各种慢性疾病，例如肥胖、糖尿病等。

其实，致胖的"元凶"是总热量而不单纯是主食，长期缺乏主食会导致肌肉无力甚至贫血。

长期不吃主食，可造成脱发

五谷可以补肾，肾气盛则头发多。如今治疗脱发的广告愈演愈烈，广泛的原因在于人们过多地食用精粮，或者拒绝主食。主食摄入不足，就容易导致气血亏虚、肾气不足，自然会导致脱发。害怕发胖故意不吃主食，这很容易因营养不均衡而使肾气受损。此外，主食吃得少了，吃肉必然增多，研究表明，肉食摄入过多是引起脂溢性脱发的重要"帮凶"。

因此每日300～400克的主食摄入可以预防脱发。

健康减肥方案——“三化”主食

很多女性在减肥时都是少吃主食，甚至认为不吃主食就能减肥，觉得这样减得快。其实，不吃主食的减肥方法只会让你缺乏营养，损害健康。就算短时间内体重减下来了，很快也会反弹回去。下面教你如何吃主食还能瘦！

简单化

所谓主食，主要是指粮食，包括米面、杂粮、豆类、薯类等。然而，现在有人把主食的范围扩大了，将烧麦、油条、春卷、奶黄包等含有淀粉的食物都纳入了主食范围。事实上，这类食物的脂肪、热量等含量较高，多吃对健康无益，还导致体重增加。饮食中，菜肴已经非常丰盛，此时最需要的是以淀粉为主的米面食品，而非各种制作精细、“营养丰富”的点心。另外，节日期间，各种包装精美、味道各异的零食也常常被当成主食，无疑也是本末倒置的做法。一般地说，在餐前2～3小时内不能随意吃零食，以免影响正常进食。

定量化

日常生活中，不管是外出就餐还是在家吃饭，菜肴的种类都较多，每样吃几口就饱了，往往再也吃不下主食。主食摄入不足，副食特别是荤菜吃得太多，脂肪和胆固醇摄入量也相应增加，很可能引起肥胖并发症。正确的做法是，避免无限制地吃菜，以保证主食的进食量（健康成人每天至少要吃300克以上主食）。很多人习惯用蔬菜或水果代替主食，这也是不科学的。水果和蔬菜主要提供矿物质、维生素、膳食纤维等，其糖类含量并不高，过多进食水果和蔬菜，可能会影响到微量元素和维生素的吸收、利用。

杂粮化

在老百姓间流行这样一句话：“讲营养，吃粗粮”，这一说法是符合营养学要求的。以大米为例，稻米在碾臼加工过程中，米糠全部被丢弃；反复碾轧后，就只剩下淀粉及少量蛋白质。可是，米糠包括果皮、种皮、糊粉层、米胚芽等，包含了稻米64%的营养素，是稻谷精华之所在，所以我们经常吃得得精白米其实营养已经不是很充分。米面是人们获得维生素B_1、矿物质和膳食纤维最方便、最重要的来源，如果因精加工而让营养损失殆尽，则需通过其他食物来补偿。燕麦、大麦、荞麦、粟米、玉

米、高粱米等杂粮，都含有白米、白面中所缺乏的营养素，可起到很好的补充作用。因此，日常饮食应适当地增加杂粮制品，节假日更应如此。杂粮中还含有较多的膳食纤维，这对节日饮食也是很好的调剂和补充。

科学摄入主食知多少

粗粮与精粮的对抗

古时候，人们食用的主食大多是粗粮。伴随着食品加工工业的发达，原始的谷类已经面目全非。大都被“抽筋扒皮”加工成精制面粉，用来制作更易入口的馒头、面包、蛋糕。即便是我们常说的粗粮，也经过了现代加工或淀粉变性技术，变得更加细腻、好吃。

这些精加工后的食品易于被人体吸收，也就导致人类血糖控制方面的新问题。为了对抗人体成为易吸收的热量存储器，我们在饮食中应该更多地选择粗纤维成分更高的粗粮，比如豆类、燕麦、糙米等。

每天吃多少主食

那么每天吃多少主食才能保证充足碳水化合物的供给，满足人们的日常生活需要呢?一般的成年女性每天摄入主食250克左右就可以了，男性可以增 加到400克。碳水化合物的来源非常丰富，包括大米、面、土豆、番薯、豆类等。在这些碳水化合物中，首先优选健康并且低脂的优质碳水化合物。

注意主食与脂肪的摄入比

享受过脂肪的美味，就再也无法忍受无油食物的枯燥无味。无论是购买超市食品、餐馆会友，还是家庭聚餐，你都躲不开高脂肪的食物。实际上，我们时常被脂肪的香味所诱惑。例如我们喜欢乳脂的香甜，喜欢动物肉脂的滑嫩，喜欢把本来无油的蔬菜和沙拉制作得油光闪闪，并加上含有浓浓的动物油的调味汁。伴随脂肪的魔杖，像蔬菜及谷类等枯燥无味的高碳水化合物食物，也戏剧性地转化成非常美味的和富含能量的食物。

一个合理的碳水化合物与脂肪的合理搭配，才能使人体每日的热量均衡，要保证脂肪量的合理，首先需要控制“油”的摄入量。在所有的烹调油中，橄榄油应该是首选，烹调手法也应该尽量简单、避免油炸和油煎。更多的蒸煮，不仅可以赋予食物更多的原味，还更健康有益。

工作前请吸收足够的碳水化合物

据国外专家的研究，在减肥中几乎戒除碳水化合物的人在需要高度认知能力的测试中发生了困难。而且摄入碳水化合物不足，体内合成的葡萄糖就会不足，而葡萄糖是大脑工作的唯一能量来源。停止摄入主食，完全靠蛋白质和蔬菜来提供能量后，很容易导致血糖偏低，大脑的能量供应不足，人就会感到不能集中精力、烦躁、疲倦。因此要想保证一天工作情绪高昂，千万不要忘记了碳水化合物。

主食的重要性

眼下请客吃饭时，最常见的现象就是只吃菜不吃饭。直到酒足菜饱，才想起来是不是上点主食。结果酒菜成了主角，饭却成了点缀。

您可能不知道，肉类和鱼类几乎不含碳水化合物，除了含有70%的水分和少量矿物质外，就是蛋白质和脂肪了。如果大家天天不吃饭，餐餐都是大鱼大肉，后果是什么呢？

胃里少了淀粉食物，这些高蛋白质食物不能提供足够的碳水化合物，身体的能量供应成了问题，就只好从蛋白质里分解。蛋白质分解供能产生大量废物，增加肝脏和肾脏的负担，促进大肠的腐败菌增殖，增大了肠癌风险。

我们每天都应该摄入250～400克碳水化合物，也就是5～8两的主食。这5～8两不是固定的，因个人的劳动量、体重、性别、年龄而异。比如工人干活繁重，一天要吃750克；有些女同志呢，胖胖的，工作量很轻，150～200克就够了。调控主食可以调控体重，这是最好的办法。现在减肥药很多，什么减肥霜、减肥药、减肥喷雾剂、减肥裤腰带……太多了。实际上，不用这么减肥，调控主食加适量运动是最好的。

据国家统计局统计，1995年我国城镇居民年人均消费粮食97公斤，比1990年减少33公斤。从1991年到1996年，肉类从27.1公斤增加到49.5公斤，蛋类从8公斤增加到16公斤，水产品从11.7公斤增加到

22.9公斤，蔬菜从178.7公斤增加到225公斤，水果从19.1公斤增加到38.3公斤。

不难发现，人们的主食摄入量变小了，某些慢性病的发病率却在节节上升。上海居民死因前两位已从20世纪50年代的麻疹、肺结核变为现在的恶性肿瘤、心脑血管病，心脏病死亡率已超过日本。

有个女大学生为了保持魔鬼身材，竟一年多不进主食，一日三餐只吃黄瓜等蔬菜水果，结果营养不良住进了医院。

当然也有些孕妇，为了让胎儿得到更多的营养，每隔两三天都要吃一次龙虾、蛋白粉，却常常少吃或是不吃主食，以便省出肚子来吃补品。结果检查时发现蛋白质超标。蛋白质超标不但容易增加罹患妊娠性糖尿病、妊娠性高血压的风险，而且还有生产“肥大儿”的危险，也可能发生分娩困难。

其实，主食中含有丰富的碳水化合物、膳食纤维、维生素和矿物质。由于它们体积大，可以使人产生饱腹感，在一定程度上可以起到节制饮食的作用。

减肥的诀窍在于减少高热量食品的摄入，而不是去掉主食。仅靠蔬菜水果充饥，不仅容易饥饿，而且可能伤害脾胃。长此以往，还可能诱发神经性贪食症和厌食症。最糟糕的事情是，不吃主食的减肥方式会损失蛋白质，降低基础代谢率，也就是说削弱了身体消耗热能的效率。一旦恢复主食，体重马上就会反弹。

合理选择主食，也是糖尿病人饮食治疗的关键。临床实验证明，如果病人主食摄入量太少，处于半饥饿状态，容易出现反应性高血糖，引起低血糖抗病能力下降。长此下去，患者身体消瘦，脂肪异生，易得高脂血症等各种并发症，给治疗带来困难。

那么，怎样吃主食才最健康？我的建议是，主食还是清淡为好。现在人们生活富裕了，原来每餐必不可少的米饭、馒头却被很多人冷落，仿佛主食不加点滋味就显不出生活档次。于是，餐馆的主食是油酥饼、抛饼、肉丝面、鸡汤米粉、馅饼、小笼包、油炸小馒头，家里吃油酥饼、炒饭、肉饺。

但大家想过没有，这些“花样”主食都加入了大量的盐和油脂，吃得过多，对健康有害无益。一餐吃下二两咸味主食，就相当于多吃进去2克食盐。

包子、馅饼和饺子都有肉馅，脂肪含量都在30%以上。炒饭里裹着一层油，常常还配着鸡蛋、火腿丁等高脂肪配料菜肴。所以，“花样”主食虽然味美，却像糖衣炮弹，有着很多潜在的危害。

新手速成班

不论你是十指不沾阳春水的幸福人儿，还是不够时间犒劳自己的地道吃货，这些都不是事儿。因为这里既有最快最简单的主食制作方法，让你轻松入门，速成出师，也能加入自己的创意，完转主食。从原料选择到面团及馅料调制等秘诀，我们将一一为您献上。

三种家常主食的基础制法

如何做出色味俱佳的好米饭

（1）淘米有讲究

淘米如果不得其法，容易使米粒表层的营养素在淘洗时随水流失。淘米应注意先用冷水淘米，不要用热水和流水淘洗；其次适当控制淘洗的次数，以能淘去泥沙杂质为度；最后要注意淘米不能用力搓。

（2）煮饭有妙招

加醋蒸米饭法：煮熟的米饭不宜久放，尤其夏季，米饭很容易变馊。若在蒸米饭时放些食醋，按1500克加2～3毫升醋的比例，可使米饭易于存放和防馊，而且蒸出来的米饭并无酸味，相反饭香更浓。

加油蒸米饭法：将米放入清水中浸泡两小时，捞出沥干，再放入锅中加适量热水、一汤匙猪油或植物油，用旺火煮开，再焖半小时即可。若用高压锅，焖8分钟即熟。

如何蒸出又白又香的馒头

馒头制作流程如下：和面→发酵→成型→饧发→汽蒸→冷却→成品

小窍门：

①避免干酵母粉遇水死的弊病，直接放在面粉里用温水和面。

②利用屉布的温度和湿度，使面更好地发酵。

③冷水下锅，目的是让揉好的面团在锅中有再次发酵的时间。

④时间一到即刻揭锅盖，是为了不让水蒸气落在馒头的表面，也不塌底。

⑤夏季用冷水和面。冬季用温水和面，发面时间应比夏季长1～2小时。和面时要逐次加水。

⑥和面要多揉搓几遍，促使面粉里的淀粉和蛋白质充分吸收水分，形成的面筋韧性才好。

⑦当面团已涨发时，要掌握好发酵的程度。如见面团内部已呈蜂窝状，有许多小孔，说明酵发得过老。

如何做出美味可口的包子

要想做出美味可口的包子，主要在于发面这一过程，此处我们整理了两种发面的方法：

（1）用老酵面发面

通常叫大碱发面。首先把老酵面（老酵面即是上次发面留下的一小块发面剂子）浸泡在温度约为35℃的温水里，然后用手将面剂子捏碎，与水融成面汤。接着把面粉加入面汤中，将其和成面团，之后盖上湿布，放置一旁，将其饧发3～4小时即可。

（2）用酵母发面

通常叫快速发面法。将酵母放入碗内，加一小勺白糖，用温水化开。倒入面粉中揉匀，面稍软些。盖湿布放温暖处静置，等体积变大即可。

花样面食的原料选择

只有能准确地认识原材料，并且很好地掌握其用途，才能将面点做得美味又营养。下面就简要介绍几种常见面粉的用途：

高筋面粉

高筋面粉又称强筋面粉，其蛋白质和面筋含量高。蛋白质含量为12%～15%，湿面筋值在35%以上。最好的高筋面粉是加拿大产的春小麦面粉。高筋面粉适宜做面包、起酥点心、泡芙点心等。

全麦粉

全麦粉是将整粒麦子碾磨而成，而且不筛除麸皮。含丰富的维生素B_1、维生素B_2、维生素B_6及烟酸，营养价值很高。因为麸皮的含量多，因此面粉筋度低，适合发酵后用，比如馒头、花卷等松软的面食。同时也可以在使用全麦面粉时加入一些高筋面粉来改善面包的口感。即将全麦面粉与高筋粉掺和使用，二者的比例为41时，这样可以使面包的口感和组织都比较好。

中筋面粉

中筋面粉是介于高筋面粉与低筋

面粉之间的一类面粉。蛋白质含量为9%～11%，湿面筋值为25%～35%。美国、澳大利亚产的冬小麦粉和我国的标准粉等普通面粉都属于这类面粉。中筋面粉用于制作水果蛋糕、肉馅饼等。

低筋面粉

低筋面粉又称弱筋面粉，其蛋白质和面筋含量低。蛋白质含量为7%～9%，湿面筋值在25%以下。英国、法国和德国的弱筋面粉均属于这一类。低筋面粉适宜制作蛋糕、甜酥点心、饼干等。

面包粉

面包粉是由硬麦制作而成，面筋含量高，一般控制在32.5%～34.0%。面筋质量好、韧性大、弹性好、吹泡体积大。在做面包时，首选面包粉，其次是特高筋面粉，然后是高筋粉，最次是中筋粉。面包粉和高筋粉的区别在于，面包粉是在高筋面粉的基础上添加了蛋白质、维生素及其他物质，能使面包的成品口感更好。

如何辨别面粉的好坏

家常面食的主要原料是面粉，那么，选择好的面粉是做出美味主食的关键。下面我们详细介绍面粉选购的小诀窍，让你买得舒心，用得放心。

识水分

凡符合国家水分标准的面粉，流散性好，不易变质。当用手抓面粉时，面粉会从手缝中流出，松手后也不会成团。

辨精度

符合国家标准的面粉，手感细而不腻，颗粒均匀，既不会因过细而影响小麦的内部组织结构，从而使其保持固有的营养成分，又不过粗而含大量的黑点。

观颜色

凡是符合国家标准的面粉，在通常情况下呈乳白色或微黄色。若面粉呈雪白色、惨白或发青，则说明该产品含有化学成分的添加剂，而且用量可能超出了使用标准。

试筋质

一般来说，水调后，面筋质含量越高，品质就越好。但如果面筋质量过高，其他成分就相应减少了，品质反而不好。

新鲜度

新鲜的面粉有正常的气味，颜色较淡。如有腐败味、霉味，颜色发暗、发黑或结块的现象，说明面粉储存时间过长，已经变质。

闻气味

面粉本身含有自然浓郁的麦香味，若是淡而无味或是有化学药品的味道，则说明是在其中添加了超标准的添加剂

或是化学合成添加剂，也有可能是采用陈粮加工而成的。

看价格

同一档次的面粉，在价格上的差距一般不是很大。如果你发现有些面粉的价格明显偏低，那么你就应该考虑一下它的质量是否能过关。通常情况下，价格也是判断面粉质量的一个重要因素。

品味道

用营养和口感好的面粉做出的食品有浓郁的麦香味，有嚼头，香甜而不粘牙，色泽纯正。蒸、煮、烤、炸各有特点，营养丰富。

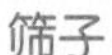

面点制作常用工具

筛子

主要用于粉料的过滤。根据制作材质用料不同，分为不锈钢筛、铜筛、尼龙筛等；根据筛眼大小，又分为粗筛和细筛等。

打蛋器

主要用于搅打蛋泡、奶油等。它是由不锈钢或铜制成的，有不同的大小规格。

花夹

主要用于面点造型和制作花边、花瓣等，它是由不锈钢或铜制成的，一头带有齿纹的夹子，另一头带有齿纹的轮刀。

擀面杖

主要用于擀制面条、面皮等。分为大擀面杖，用于擀制大块面团；中擀面杖，用于擀制花卷类、饼类；小擀面杖，用于擀制小面剂。

刮片

主要用于调制面团、分割面团和清理案板。它是由塑胶、铜或不锈钢制成的。有半圆形、梯形、长方形等。

滚筒

主要用于擀制大量、大形的面皮。要求粗细均匀，表面光滑。

制作花样面点的基本功

擀

擀是以滚筒或擀面杖作工具，将面团碾压成面皮。在碾压面皮过程中，要前后左右交替滚压，以使面皮厚薄均匀。擀的基本要领是：动作干净利落，施力均匀，擀制的面皮表面平整光滑。

卷

卷是从头到尾用手以滚动的方式，由小而大卷成，分单手卷和双手卷。基本要领：被卷坯料不宜放置过久，否则成品不结实。

叠

叠是将坯皮折成一定的形状的成形方法。叠的时候为了增加风味，往往要撒上少许的葱花、精盐或火腿，为了分层，还要刷上色拉油。很多面食采用这种方法，如荷叶卷、凤尾酥等。

包

包馅的皮子的制作要求左手握饼皮，右手抓馅心。然后，通过虎口和手指的配合，将馅心向下压，边收边转，慢慢收紧封口。

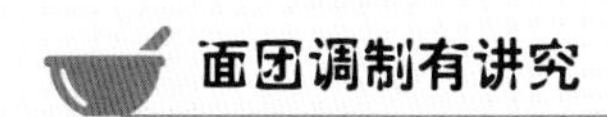

面团调制有讲究

水调面团

水调面团是用水直接与面粉拌和、揉搓而成的面团，以水温的高低来控制面筋形成程度。根据用途不同又分为冷水面团、温水面团、沸水面团。

酥性面团

酥性面团也称混酥面团，具有一定的可塑性，稍有筋性，无弹性和延伸性，是将一定比例的油脂、糖、水、蛋和其他辅料搅拌均匀，再拌入面粉调制而成。在操作中不过度揉搓是关键，有时也加入少量淀粉稀释面筋蛋白浓度，达到抑制面筋过度生成的目的。这种面团主要用于酥性饼干、五香麻饼等。

油酥面团

油酥面团是用油脂和面粉混合调制而成的松散性很强的面团，其配料中不能有水，操作过程中不能加水，所用油脂的水分也不能过多。

水油面团

水油面团是面粉与少量油脂加入适量的30～40℃温水调制而成。在调制中主要依靠配料中的油脂所起的疏水作用限制面筋大量生成。该面团主要用于酥层类制品的包皮，如苏式月饼、千层酥、菊花酥和韭菜合子等。

浆皮面团

浆皮面团是用糖浆、部分油脂与面粉直接调制而成。该面团具有良好的可塑性，无韧性和弹性，使制品光泽柔润，不酥不脆。这里主要也是通过油脂的疏水作用和糖的反水化作用来控制面筋的。它主要用于广式月饼、龙凤饼等。

发酵面团

发酵面团是用面粉和冷水或温水，加入适量的老酵面或酵母及其他辅料调制而成的面团，该面团具有较强的弹性和持气性。制作该面团需选用高筋粉；将面团温度保持在30℃左右；充分揉制；糖和油的用量不宜过多，且油脂应在面团调制即将结束时加入。该面团主要用于馒头、包子、面包等。

蛋糊

蛋糊根据配料中是否有油，分为清蛋糊和油蛋糊两种。清蛋糊是蛋液和砂糖经高速搅打后加入面粉拌制而成；油蛋糊是油脂和砂糖边搅打边加入蛋液，打至蓬松，最后拌入面粉而成。

两种面团均是利用蛋液或油脂的持气性实现制品膨胀的效果，为防止制品出现干硬和“凸起”现象，必须注意抑制面筋的大量生成。为此，必须选用低筋粉或掺入淀粉；慢速拌入面粉，且用时不宜过长；限制掺水量等。

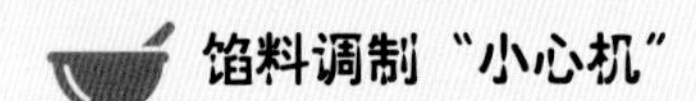

馅料调制“小心机”

馅料的调制决定着成品最后的味觉享受。想要调制出令人满意的馅料，就不得不花一些心思，下面就让我们来看看这些实用的妙招吧！

虾馅增鲜

处理虾仁的时候，首先要将水分吸干，在剁蓉时加入一定量的鸡蛋清或绞成蓉的猪肥膘肉，这样才能使虾蓉口感细腻滑爽、鲜香爽口。

口味略淡

在制馅时，“口味略淡”是基本原则，因为在调制馅心时往往含有水分，而在后期放置的过程当中水分蒸发以后，馅心的味道就会略重，之前稍淡的味道此时就会变得刚刚好。

巧妙去腥膻

针对羊肉馅、牛肉馅中的腥膻味，一般可以在调制时加大姜葱的用量，同时还可加入花椒水、黄酱等来去除。另外，在羊肉馅、牛肉馅中加入韭菜、芹菜、洋葱、香菜等配料，还能起到减少甚至消除腥膻味的作用。

白糖妙用

在调制馅料时加入适量的白糖，可以增进馅料的甜香度，提高制品营养价值的同时也可以延长其存放期。

调料加入有先后

一般肉馅都要求鲜香、肉嫩，这与选料、调味都有着密切的关系，其中调味品的加入顺序，其重要性仅次于选料。调味品加入的顺序有先后，一般应先加酱油、盐、糖、味精、姜等，出锅前再加黄酒、葱等。比如在调制牛、羊、鱼、虾、蟹肉等具体馅料时，前期加入酱油、盐等调料，后期出锅前根据需要，分别加入葱末、姜末、胡椒粉、黄酒等，以更好地发挥调味料的作用，解除其腥膻气味以增加鲜香味。

Part 2

永食不厌的米饭

米饭是人们日常饮食中的主角之一，含有人体90%的必需营养元素，且各种营养素十分均衡，具有补中益气、健脾养胃、益精强志、聪耳明目等功效，属于最佳主食。

糙米燕麦饭

材料 燕麦30克，水发大米、水发糙米、水发薏米各85克

做法 ①在碗中倒入适量的清水，放入燕麦、水发大米、水发糙米、水发薏米。②将碗中的原料淘洗干净，沥干水分，备用。③把淘洗净的原料装入另一个碗中，加入适量清水。④放入烧开的蒸锅中。⑤盖上盖，用中火蒸30分钟，至食材熟透。⑥揭开盖，把蒸好的糙米燕麦饭取出即可。

制作指导 糙米不易熟，泡发时应泡久一些。燕麦一次不宜吃太多，否则会造成胃痉挛或是胀气。

苦瓜糙米饭

材料 水发糙米170克，苦瓜120克，红枣20克

做法 ①洗净的苦瓜切开，去除瓜瓤，再切条形，改切小丁。②锅中注入清水烧开，倒入苦瓜丁搅匀。③煮约半分钟，捞出，沥干水分。④取一个干净的蒸碗，倒入糙米、焯煮好的苦瓜，铺平。⑤注入清水，放入红枣。⑥蒸锅上火烧开，放入蒸碗。⑦用中火蒸至食材熟透。⑧取出蒸熟的糙米饭，待稍微冷却后即可食用。

制作指导 糙米较硬，注入的清水要多一些，这样能改善米饭的口感。

山楂黄精糙米饭

材料 水发大米、水发糙米各90克，山楂50克，黄精6克

做法 ①将洗净的山楂切去果蒂，再切开，去除果核；洗好的黄精切小块。②砂锅中注入清水烧开，放入黄精，用小火煮至药材释出有效成分后，滤取汁水入碗。③碗中加入糙米、大米搅匀。④取一个蒸碗，倒入拌好的食材，摊匀铺平，撒上山楂。⑤蒸锅上火烧开，放入蒸碗，用中火蒸至米粒熟软。⑥取出蒸好的米饭，稍微冷却后即可食用。

制作指导 蒸碗中的汁水以刚没过食材为佳，这样米饭的口感才软硬适中。

凉薯糙米饭

材料 凉薯80克，水发糙米120克，百合15克，枸杞少许

做法 ①洗净去皮的凉薯切片，再切条，改切成粒；洗好的百合切成小块。②洗净的糙米装入碗中，倒入适量清水，放入烧开的蒸锅中。③盖上盖，用大火蒸20分钟，至糙米熟软。④揭开盖，在碗中放入切好的凉薯、百合，撒入洗净的枸杞。⑤盖上盖，再蒸20分钟，至全部食材熟透。⑥关火后揭开盖，把蒸好的糙米饭取出即可。

制作指导 糙米不易蒸熟，可以先用清水浸泡一晚再蒸，这样可节省蒸的时间。

黑米杂粮饭

材料 黑米、荞麦、绿豆各50克，燕麦40克，鲜玉米粒90克，熟枸杞1克

做法 ①把准备好的食材放入碗中，加入清水，清洗干净，备用。②将洗好的杂粮捞出，装入另一个碗中，倒入适量清水，待用。③将装有食材的碗放入烧开的蒸锅中。④盖上盖，用中火蒸40分钟，至食材熟透。⑤揭盖，把蒸好的杂粮饭取出。⑥放上熟枸杞点缀，稍放凉即可食用。

制作指导 杂粮较难熟，可以先浸泡一晚再蒸。

金瓜杂粮饭

材料 水发薏米100克，水发小米100克，燕麦70克，水发大米90克，葡萄干20克，金瓜盅一个

做法 ①将所有材料洗净，沥干水分。②取一个大碗，倒入水发好的大米，放入洗好的燕麦。③再放入葡萄干、薏米，加入小米，拌匀。④把拌好的杂粮放入金瓜盅内，倒入清水。⑤把金瓜盅放入盘中，转入烧开的蒸锅中，再放入盅盖，用小火煮30分钟至食材熟透。⑥把金瓜盅取出即可。

制作指导 燕麦片可以事先用水浸泡，这样蒸制时更易熟透。

红豆薏米饭

材料 水发红豆100克，水发薏米90克，水发糙米90克

做法 ①把洗好的糙米装入碗中，备用。②放入洗净的薏米、红豆，搅拌均匀，待用。③在碗中注入适量的清水，待用。④将装有食材的碗放入烧开的蒸锅中。⑤盖上盖子，用中火蒸30分钟，至全部食材熟透。⑥关火后，揭开盖子，取出蒸好的红豆薏米饭，稍放凉即可食用。

制作指导 薏米的吸水性很强，所以在蒸的时候可适量多加些清水。

绿豆薏米饭

材料 水发绿豆30克，水发薏米30克，水发糙米50克

做法 ①将水发绿豆、水发薏米、水发糙米依次装入大碗中，混合均匀，待用。②往碗中倒入适量的清水，备用。③将装有所有食材的大碗放入已烧开的蒸锅中。④盖上锅盖，用中火蒸40分钟，至全部食材完全熟透。⑤揭开盖子，把蒸好的绿豆薏米饭取出，稍放凉后即可食用。

制作指导 薏米吸水性较强，碗中可以多加些清水。

小米豌豆杂粮饭

材料 糙米90克，燕麦80克，荞麦80克，豌豆100克

做法

① 把杂粮倒入碗中，加入适量清水。

② 再放入豌豆，淘洗干净后，倒掉碗中的水。

③ 把杂粮和豌豆装入另一个碗中，加入适量清水。

④ 将碗放入烧开的蒸锅中。

⑤ 盖上盖子，用中火蒸1小时，至所有食材熟透。

⑥ 把蒸好的杂粮饭取出即可。

制作指导 荞麦和燕麦较硬，不宜熟，最好提前浸泡至涨大。

营养功效 荞麦含有黄酮、镁、铬等营养成分，有降血糖的作用。此外，它还含有丰富的膳食纤维，具有很好的营养保健作用。

黄米大枣饭

材料 水发黄米180克，红枣25克，红糖50克

做法

1. 洗净的红枣切开，去核，把枣肉切成小块。

2. 洗好的黄米倒入碗中，放枣肉和部分红糖，混合均匀。

3. 将混合好的食材转入另一碗中，撒上剩余的红糖，加水。

4. 将备好的食材放入烧开的蒸锅中。

5. 盖上盖子，用中火蒸约1小时，至食材熟透。

6. 揭开盖，取出蒸好的米饭即可。

制作指导 黄米泡发的时间可以长一点，这样可以节省蒸饭的时间。

营养功效 红枣含有蛋白质、有机酸、维生素等营养成分。此外，其还含有一种葡萄糖苷，有镇静、助眠和降血压的作用。

奶香红豆燕麦饭

材料 红豆50克，燕麦仁50克，糙米50克，巴旦木仁20克，牛奶300毫升

做法

1 将红豆、燕麦、糙米装入碗中，混合均匀，注水淘洗干净。

2 倒掉淘洗的水，加入牛奶。

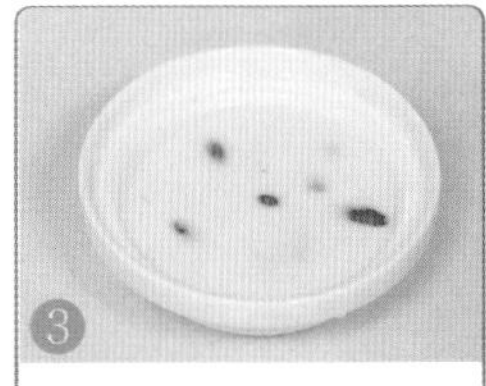

3 放入巴旦木仁。

4 将装有食材的碗放入烧开的蒸锅中。

5 盖上盖，用中火蒸40分钟，至食材完全熟透。

6 揭开盖，把蒸好的红豆燕麦饭取出即可。

制作指导 红豆和燕麦都不易熟透，可提前用水浸泡至涨开，这样可以节省烹饪时间。

营养功效 燕麦含有膳食纤维、维生素B_1、叶酸及磷、钾、铁、锌等营养成分，能有效地平缓餐后血糖值的上升。

红枣葵花籽糯米饭

材料 水发糯米60克，水发大米50克，红枣10克，瓜子仁15克，红砂糖20克

做法

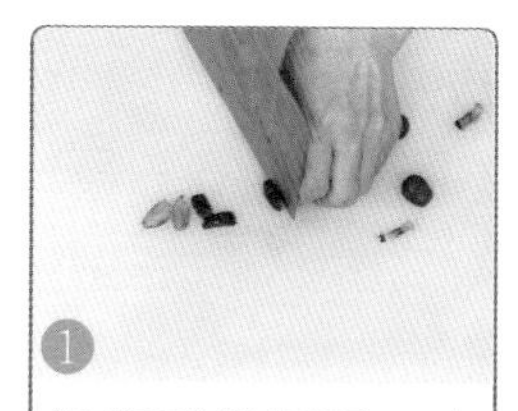

1. 红枣对半切开，去核，切碎，备用。

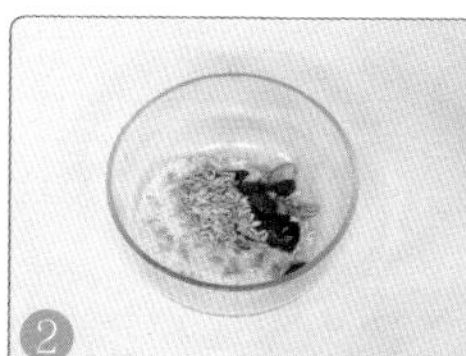

2. 将水发大米、水发糯米、红枣、瓜子仁加入碗中。

3. 倒入适量清水，清洗干净。

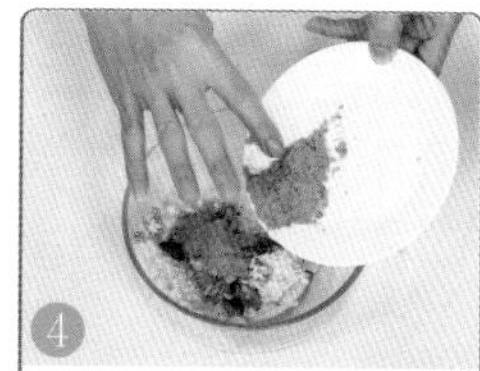

4. 滤去水分，加入细砂糖，拌匀。

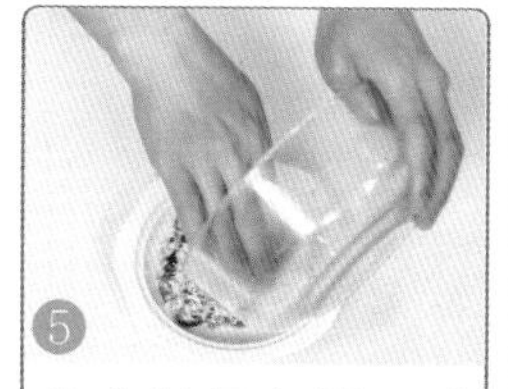

5. 将食材倒入另一碗中。

6. 加入适量清水。

7. 蒸锅注水烧开，放入备好的食材，中火蒸40分钟至熟。

8. 揭盖，取出蒸好的米饭，放置片刻，稍微晾凉后即可。

彩色饭团

材料 草鱼肉120克，黄瓜60克，胡萝卜80克，米饭150克，黑芝麻少许

调料 盐2克，鸡粉1克，芝麻油7毫升，水淀粉、食用油各适量

做法

① 洗净的胡萝卜切粒；洗好的黄瓜切粒；洗净的鱼肉切丁。

② 炒锅置于火上，倒入黑芝麻，用小火炒香，盛出待用。

③ 鱼丁入碗，加入盐、鸡粉拌匀，倒入水淀粉拌匀，淋油腌渍。

④ 锅中注入清水烧开，加盐、油，倒入胡萝卜煮约半分钟。

⑤ 放入黄瓜粒，煮至断生，倒入腌好的鱼肉，煮至变色。

⑥ 捞出氽煮好的所有食材，沥干水分，待用。

⑦ 取碗，倒入米饭、氽好的食材、盐、芝麻油、黑芝麻，拌匀。

⑧ 把拌好的米饭做成小饭团，装入盘中即可。

菠萝蛋皮炒软饭

材料 菠萝肉60克，蛋液适量，软饭180克，葱花少许

调料 食用油、盐各少许

做法

用油起锅，倒入蛋液，煎成蛋皮，把蛋皮盛出，晾凉。

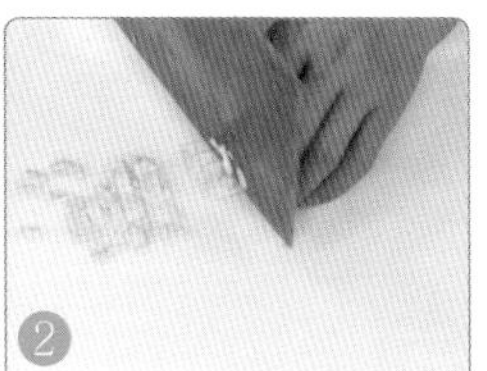

蛋皮切丝，改切粒；菠萝切小块，再切片，改切粒。

用油起锅，倒入菠萝，炒匀。

放入适量软饭，炒松散。

倒入少许清水，拌炒匀。

加入少许盐，炒匀调味。

放入蛋皮，撒上少许葱花，炒匀。

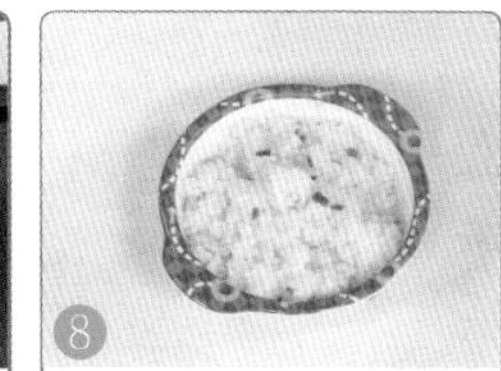

盛出炒好的饭，装入碗中即可。

鸡肉丝炒软饭

材料 鸡胸肉80克，软饭120克，葱花少许

调料 盐2克，鸡粉2克，水淀粉2毫升，生抽2毫升，食用油适量

做法

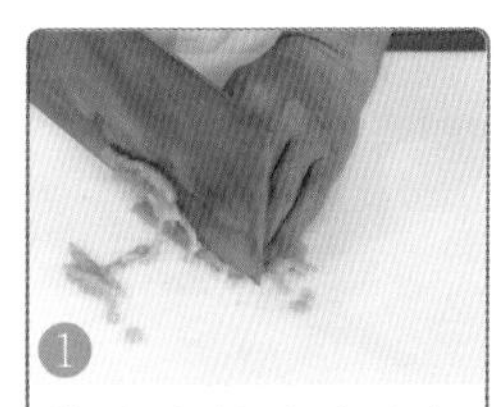

① 将洗净的鸡胸肉切片，改切成丝。

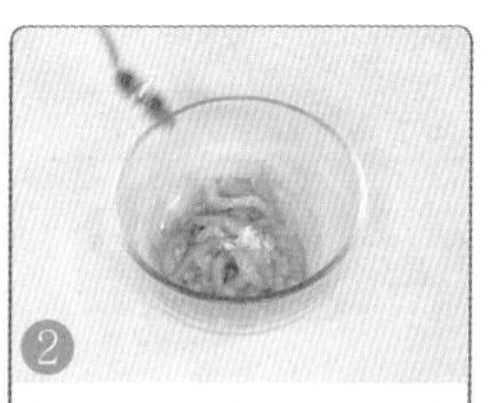

② 把鸡肉丝装入碗中，放入少许盐、水淀粉，拌匀。

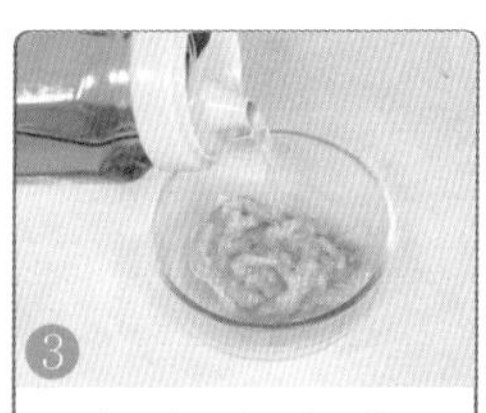

③ 再加入少许食用油，腌渍10分钟。

④ 用油起锅，倒入鸡肉丝，翻炒至鸡肉丝转色。

⑤ 加少许清水，搅匀，煮沸。

⑥ 加入适量生抽、鸡粉、盐，搅拌均匀调味。

⑦ 倒入软饭，快速炒散，使米饭入味，放入葱花炒匀。

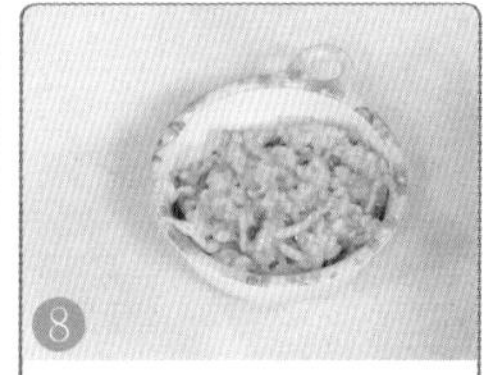

⑧ 关火，将炒好的米饭盛入碗中即可。

豆干肉丁软饭

材料 豆腐干50克，瘦肉65克，软饭150克，葱花少许

调料 盐少许，鸡粉2克，生抽4毫升，水淀粉3毫升，料酒2毫升，黑芝麻油2毫升，油适量

做法

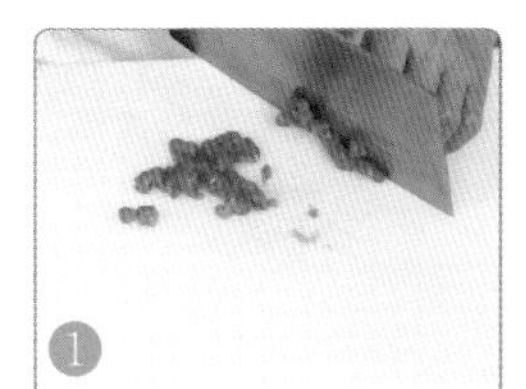

1 洗好的豆腐干切条，改切丁；洗净的瘦肉切条，改切丁。

2 肉丁入碗，放入盐、鸡粉、水淀粉，注油腌渍。

3 用油起锅，倒入肉丁，炒至转色，放入豆腐干，炒匀。

4 淋入少许料酒，炒香，再加入生抽，炒匀。

5 倒入软饭拍散，炒匀。放葱花，淋黑芝麻油，拌炒入味。

6 关火，将炒好的米饭盛出，装入碗中即可。

制作指导 猪肉不宜用热水浸泡、清洗，因为这会造成营养流失，也会降低猪肉的细嫩口感。

营养功效 软饭为营养均衡的膳食，易于消化，特别适合消化道疾病患者及老人、幼儿食用。

什锦炒软饭

材料 西红柿60克，鲜香菇25克，肉末45克，软饭200克，葱花少许

调料 盐少许，食用油适量

做法 ①将洗净的西红柿切小瓣，再切成丁。洗净的香菇切粗丝，再切成小丁块。②用油起锅，倒入备好的肉末，翻炒至转色。③再放入切好的西红柿、香菇，炒匀、炒香。④倒入备好的软饭，炒散、炒透。⑤撒上葱花，炒出葱香味，再调入盐，炒匀调味。⑥关火后盛出炒好的食材，装在碗中即成。

制作指导 撒上葱花后要用中火快速炒几下，这样既可使葱散发出香味，又能保有其脆嫩的口感。

培根炒软饭

材料 培根45克，鲜香菇25克，彩椒70克，米饭160克，葱花少许

调料 盐少许，生抽2毫升，食用油适量

做法 ①洗净的香菇切丁；洗好的彩椒切丁；培根切粒。②锅中注入清水烧开，放入香菇，注油。③倒入彩椒，煮至断生，把焯过水的香菇和彩椒捞出。④用油起锅，放入培根，炒香。⑤下香菇和彩椒炒匀。⑥倒入米饭炒匀，加生抽、盐调味，放葱花翻炒，盛出即可。

制作指导 培根加热后会出油，炒时食用油可少放些。又因其本身有咸味，配其他食材烹饪时应少放些盐。

培根辣白菜炒饭

材料 凉米饭230克，培根100克，辣白菜120克，葱花、蒜末各少许

调料 鸡粉2克，生抽3毫升，食用油适量

做法 ①将备好的培根切成小块。②用油起锅，放入培根，炒匀，炒至转色。③倒入蒜末，炒香，加入辣白菜，炒匀。④倒入米饭，炒匀。⑤放生抽、鸡粉，炒匀，再放入葱花，炒匀。⑥将炒好的米饭盛出装入碗中即可。

制作指导 先将培根炒香，则炒出来的饭香味更加浓郁。

沙茶牛肉炒饭

材料 凉米饭260克，蛋液120毫升，沙茶酱30克，熟牛肉80克，姜片、葱花各少许

调料 鸡粉2克，食用油适量

做法 ①熟牛肉切片。②用油起锅，倒入牛肉、姜片，炒香，倒入一半沙茶酱，炒匀盛出。③用油起锅，倒入打好的蛋液，炒熟，加入剩余的沙茶酱，炒匀。④倒入米饭，炒松散，倒入沙茶酱牛肉，炒匀。⑤放入鸡粉、葱花，炒匀。⑥将炒好的米饭装入碗中即可。

制作指导 用于炒制的米饭应蒸得干一些，这样炒出来的米饭比较松散。

腐乳炒饭

材料 冷米饭190克，腐乳20克，鸡蛋液100克，鸡脯肉75克

调料 鸡粉2克，水淀粉、食用油各适量

做法 ①洗净的鸡脯肉切丁。②取一碗，放入鸡脯肉丁，加入部分腐乳和部分鸡蛋液，拌匀。③加入水淀粉，淋入食用油拌匀，腌渍10分钟。④用油起锅，倒入剩余的鸡蛋液，炒散，放入米饭，翻炒2分钟。⑤用油起锅，倒入鸡丁，炒至转色，倒入米饭和剩余的腐乳，炒匀，加入鸡粉，翻炒入味盛出装碗即可。

制作指导 鸡丁事先腌渍片刻，这样炒出来的鸡丁口感更好。

咖喱卤蛋炒饭

材料 咖喱粉20克，卤蛋2个，凉米饭200克，葱花少许

调料 盐2克，鸡粉2克，食用油适量

做法 ①将卤蛋切瓣，再改切成丁。②用油起锅，放入切好的卤蛋，加入咖喱粉，翻炒均匀。③倒入备好的凉米饭，翻炒2分钟至米饭松散。④加入盐、鸡粉，翻炒片刻至入味。⑤再放入少许葱花，炒匀。⑥将炒好的米饭盛出装盘即可。

制作指导 咖喱粉不宜过多，以免影响炒饭的味道。

虾仁白果蛋炒饭

材料 凉米饭200克，虾仁60克，蛋液70克，白果45克，葱花少许

调料 盐2克，鸡粉2克，食用油适量

做法 ①将虾仁背部切开，去掉虾线。②锅中注入适量清水烧开，放入白果，煮约半分钟，捞出，沥干水分，待用。③用油起锅，倒入蛋液，翻炒熟，盛出，待用。④用油起锅，倒入虾仁、白果，炒匀。倒入米饭，炒松散。⑤倒入鸡蛋，炒匀，放入盐、鸡粉，炒匀调味。⑥放入葱花炒匀，盛出装碗即可。

制作指导 白果先用沸水煮一遍，炒制的时候就更容易熟。

四季豆玉米蛋炒饭

材料 米饭200克，四季豆70克，玉米粒50克，鸡蛋液60克，葱花少许

调料 盐2克，鸡粉2克，食用油适量

做法 ①择洗好的四季豆切成粒，待用。②热锅注油烧热，倒入四季豆、玉米粒，炒软。③倒入备好的米饭，翻炒松散。④倒入鸡蛋液，快速翻炒均匀。⑤加入盐、鸡粉，翻炒入味，倒入葱花，翻炒出葱香味。⑥关火后将炒好的饭盛出装入盘中即可。

制作指导 四季豆也可以先汆一遍水，颜色会更鲜亮。

香菇木耳炒饭

材料 凉米饭200克，鲜香菇50克，水发木耳40克，胡萝卜35克，葱花少许

调料 盐2克，鸡粉2克，生抽5毫升，食用油适量

做法 ①将洗净去皮的胡萝卜切条，切丁；洗净的香菇切条，切丁；洗净的木耳切小块。②用油起锅，倒入胡萝卜，略炒。③加入香菇、木耳，炒匀。④倒入米饭，炒松散，放入生抽、盐、鸡粉，炒匀调味。⑤放入葱花，炒匀。⑥将炒好的米饭盛出装入碗中即可。

制作指导 鲜香菇要多清洗几次，将褶皱里的杂质清洗干净。

紫菜炒饭

材料 水发紫菜100克，米饭180克，生菜35克，瘦肉50克，香菇2个，葱花少许

调料 盐、鸡粉各2克，生抽5毫升，食用油适量

做法 ①洗净的生菜切丝；洗好的香菇切粗条；洗净的瘦肉切粗条，改切丁。②用油起锅，倒入瘦肉丁、香菇，爆香。③倒入米饭，炒熟，放入生菜丝，炒匀。④加入生抽、盐、鸡粉，炒匀。⑤放入洗好的紫菜，炒匀，倒入葱花，翻炒入味。⑥将炒好的米饭装碗即可。

制作指导 紫菜可用水泡开，这样能去除杂质。

茼蒿饭

材料 茼蒿70克，米饭200克，葱花少许

调料 盐2克，鸡粉2克，食用油适量

做法 ①将洗净的茼蒿切去根部，再切碎，待用。②锅中注入适量食用油烧热，倒入切好的茼蒿，快速翻炒一会儿。③倒入备好的米饭，快速将米饭炒松散，散发出香味。④加入盐、鸡粉，炒匀调味。⑤放入葱花，快速拌炒匀。⑥起锅，盛出炒好的茼蒿饭，装入盘中即成。

制作指导 炒好的茼蒿饭不要长时间焖在锅里，否则茼蒿的颜色容易变黄。

番茄饭卷

材料 米饭120克，黄瓜皮25克，奶酪30克，西红柿65克，鸡蛋1个，葱花少许

调料 盐3克，番茄酱、食用油各少许

做法 ①西红柿入沸水煮至表皮破裂，捞出去皮切丁；黄瓜皮划成条；奶酪切块。②鸡蛋加盐调成蛋液。③用油起锅，下西红柿、奶酪炒化，加水和盐、番茄酱炒匀。④放米饭、葱花炒成馅料。⑤煎锅刷油，倒蛋液煎成蛋皮，铺在案板，放馅料铺开摊匀，加黄瓜条制成卷压紧。⑥食用时切段摆盘即可。

制作指导 炒米饭的时间不可过长，以免过于软烂，影响口感。

五彩果醋蛋饭

材料 莴笋80克，圣女果70克，鲜玉米粒65克，鸡蛋1个，米饭200克，凉拌醋25毫升，冰糖30克，葱花少许

调料 盐4克，食用油适量

做法 ①莴笋切丁；圣女果切两半。②鸡蛋入碗打散调匀。③将玉米粒、莴笋入沸水焯熟捞出。④锅注水，放冰糖煮化，加凉拌醋、盐拌匀成味汁。⑤用油起锅，倒蛋液炒熟。锅留油，下米饭、玉米粒、莴笋、鸡蛋炒匀，倒圣女果和味汁。⑥盛出炒好的米饭，放葱花即成。

制作指导 焯煮莴笋丁时，一定要控制好时间和水温，否则会使莴笋丁失去清脆的口感。

紫菜包饭

材料 寿司紫菜1张，黄瓜120克，胡萝卜100克，鸡蛋1个，酸萝卜90克，糯米饭300克

调料 鸡粉2克，盐5克，寿司醋4毫升

做法 ①胡萝卜、黄瓜均切条。②鸡蛋入碗加盐调匀。油锅烧热，倒蛋液摊成蛋皮切条。③水锅烧开，放鸡粉、盐、油、胡萝卜、黄瓜焯熟。④糯米饭加寿司醋、盐拌匀。取竹帘放上寿司紫菜，铺米饭，再放胡萝卜、黄瓜、酸萝卜、蛋皮，卷起成紫菜包饭切段即可。

制作指导 制作紫菜包饭时，米饭一定要铺匀，这样做出来的成品才美观。

红薯饭

材料 红薯100克，大米350克

做法 ①将已去皮洗好的红薯切成5厘米的厚片，再切条，改切成丁。②将淘洗干净的大米盛入内锅中。③放入红薯丁，加入120毫升清水。④盖上陶瓷盖，将内锅放入已加入约800毫升清水的隔水炖盅中。⑤盖上锅盖，选择炖盅“家常”功能中的“煲饭”模式，炖1小时至大米熟软。⑥将炖好的红薯饭取出即可。

制作指导 蒸制红薯饭时，可先把大米在冷水里浸泡1小时，这样蒸出的米饭会粒粒饱满。

荷叶芋头饭

材料 米饭500克，香芋100克，鲜香菇30克，水发荷叶3张，蒜末、葱白各少许

调料 盐3克，鸡粉2克，生抽4毫升，蚝油10毫升，料酒、水淀粉、食用油各适量

做法 ①香芋切块；香菇切丁；荷叶切半张。②荷叶入沸水焯煮。③用油起锅，下葱蒜、香菇、芋头、料酒、水、盐、鸡粉、生抽、蚝油炒匀，水淀粉勾芡。④荷叶摊开，铺上米饭，放炒好的食材，包成荷叶饭团，入锅蒸熟即可。

制作指导 芋头一定要蒸熟，否则其中的黏液会刺激咽喉。

芋香紫菜饭

材料 香芋100克，银鱼干150克，软饭200克，紫菜10克

调料 盐2克

做法 ①将去皮洗净的香芋切片；洗好的银鱼干切碎；洗净的紫菜切碎。②将切好的食材装入盘中，烧开蒸锅，放入装好盘的香芋。③用小火蒸熟取出，把香芋压烂，剁成泥。④汤锅注入清水烧开，倒入软饭搅散，再放银鱼干，用小火煮至食材熟。⑤倒入香芋煮沸，放入紫菜，加盐拌匀。⑥盛出装碗即可。

制作指导 银鱼干较硬，可以先用清水浸泡，再剁成碎末。

豌豆火腿炒饭

材料 豌豆60克，火腿肠1根，胡萝卜100克，米饭500克，葱花少许

调料 盐3克，鸡粉、胡椒粉、食用油各适量

做法 ①火腿肠切丁；去皮洗净的胡萝卜切丁。②锅注水烧开，加盐，倒入胡萝卜丁，焯煮捞出。再将豌豆倒入锅中焯煮捞出。③热锅注油，下火腿肠滑油捞出。④锅底留油，倒米饭、胡萝卜、火腿肠、豌豆、鸡粉、盐炒匀，加葱花，撒胡椒粉拌炒，盛出装盘即成。

制作指导 做这道炒饭时，最好选用放凉的米饭。另外，翻炒时加少许辣椒油，味道会更好。

清蒸排骨饭

材料 米饭170克，排骨段150克，小油菜70克，蒜末、葱花各少许

调料 盐3克，鸡粉3克，生抽、料酒、生粉、芝麻油、食用油各适量

做法 ①小油菜对半切开。②把排骨段入碗加盐、鸡粉、生抽、蒜末、料酒、生粉、芝麻油拌匀入蒸盘腌渍。③锅注水烧开，加盐、油，下小油菜焯煮。④蒸锅烧开，入蒸盘蒸熟。⑤取出放凉。⑥将米饭装在盘中，放小油菜，盛入蒸好的排骨，点缀上葱花即可。

制作指导 在焯煮小油菜时不宜时间过长，避免小油菜变黄。

排骨煲仔饭

材料 泰国香米150克，排骨段50克，蒜末、葱花各少许

调料 盐3克，鸡粉、生抽、白糖、料酒、耗油、胡椒粉、生粉、芝麻油、食用油、猪油各适量

做法 ①排骨段加蒜末、调料除食用油、猪油外腌渍。②香米加猪油拌溶化。③葱花加温水、生抽、芝麻油调成味汁。④锅仔置火上，加水、香米煲20分钟后倒排骨铺匀，淋食用油续煲15分钟。⑤浇上味汁，焖一会儿。⑥取下趁热食用即可。

制作指导 排骨最好先腌渍，然后放入冰箱冷藏一段时间，这样烹制出来的煲仔饭才比较入味。

电饭锅腊味饭

材料 腊肠80克，金华火腿70克，水发香菇50克，大米1.5千克，葱20克

调料 鸡粉2克，生抽、料酒、芝麻油、食用油各适量

做法 ①腊肠、金华火腿、香菇切丁；葱切葱花。②锅注水烧开，倒入腊肠焯熟捞出。③用油起锅，下火腿、香菇、腊肠、料酒、生抽炒匀入碗。④加葱花、鸡粉、芝麻油拌匀。⑤大米入锅淘洗干净，注水煲熟，放入炒好的材料，续煲5分钟。⑥将腊味饭盛出即可。

制作指导 生腊肠处理时，先用热水浸泡片刻，以去除杂质，然后再用温水清洗干净。

西蓝花炸牛排饭

材料 米饭180克，牛里脊肉300克，西蓝花120克，鸡蛋清少许

调料 盐、老抽、鸡粉、蚝油、小苏打、水淀粉、黑胡椒粉、番茄酱、白糖、食用油各适量

做法 ①牛里脊肉切片拍打几下，加盐、老抽、鸡粉、小苏打、鸡蛋清、水淀粉腌渍。②将西蓝花入沸水焯熟捞出。③用油起锅，加水、盐、鸡粉、生抽、蚝油、黑胡椒粉、番茄酱、白糖、老抽、水淀粉调成味汁。④用油起锅，下牛排煎至两面熟透。⑤取米饭扣在盘中，盛入牛排，摆好西蓝花，浇上味汁即可。

制作指导 做好的菜肴浇上少许咖喱汁更加美味。

肉羹饭

材料 鸡蛋1个，黄瓜40克，胡萝卜25克，瘦肉30克，米饭130克，葱花少许

调料 鸡粉2克，水淀粉5毫升，料酒、黑芝麻油各2毫升，盐、食用油各适量

做法 ①取碗装入米饭。②黄瓜、胡萝卜均切丝；瘦肉剁末。③鸡蛋打散调匀。④用油起锅，倒肉末、料酒炒香，加水、胡萝卜、黄瓜、鸡粉、盐煮沸。⑤水淀粉勾芡，加芝麻油、蛋液煮沸，放葱花拌匀。⑥煮好的材料盛入米饭上即可。

制作指导 勾芡时，水淀粉不要倒入太多，以免汤汁过于浓稠，影响成品口感和外观。

什锦煨饭

材料 鸡蛋1个，土豆、胡萝卜各35克，青豆、猪肝各40克，米饭150克，葱花少许

调料 盐2克，鸡粉少许，食用油适量

做法 ①胡萝卜切粒；土豆切成丁；猪肝切末。②鸡蛋搅散成蛋液。③用油起锅，下猪肝炒散，再倒土豆丁、胡萝卜粒炒匀，注水，使食材混匀。④加盐、鸡粉、青豆焖至食材熟。⑤再倒米饭拌炒，再煮至汤汁沸腾，淋蛋液炒至熟，撒葱花炒香。⑥盛出装碗即成。

制作指导 米饭最好保留少量的水分，这样煨好的米饭口感更松软。

火腿青豆焖饭

材料 火腿45克，青豆40克，洋葱20克，高汤200毫升，软饭180克

调料 盐少许，食用油适量

做法

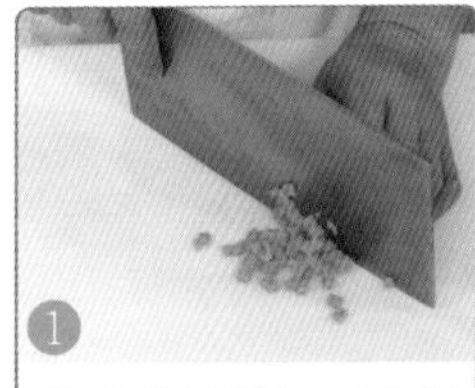

1 将火腿切片，再切条改切粒；洗净的洋葱切丝改切粒。

2 锅中注入清水烧开，倒入洗净的青豆，煮熟，捞出。

3 用油起锅，倒入洋葱，炒匀，加入火腿，炒出香味。

4 放入煮好的青豆，倒入适量高汤。

5 放入软饭，加少许盐，快速拌炒均匀。

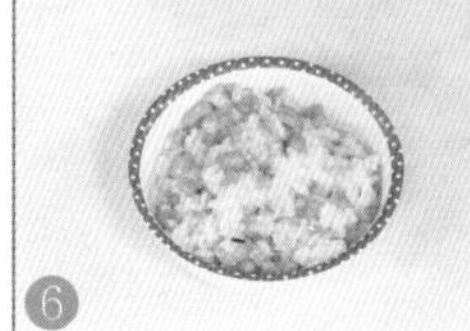

6 将锅中材料盛出装碗即可。

制作指导 高汤不要加太多，以免掩盖火腿、青豆等食材本身的味道。

营养功效 洋葱不仅含有蛋白质、脂肪、粗纤维、矿物质，还含有柠檬酸盐、多糖和氨基酸，能较好地调节神经，增强记忆力。

香菇肉糜饭

材料 米饭120克，牛肉100克，鲜香菇30克，即食紫菜少许，高汤250毫升

调料 盐少许，生抽2毫升，食用油适量

做法

1 洗净的香菇切片，改切粒；洗净的牛肉切片，剁碎末。

2 用油起锅，倒入牛肉末，炒松散，至其变色。

3 倒入香菇丁，炒匀，再注入高汤，搅拌使食材散开。

4 调入生抽、盐，用中火煮片刻至食盐溶化。

5 倒入备好的米饭，搅散，拌匀，再转大火煮片刻。

6 关火后将煮好的牛肉饭装在碗中，撒上即食紫菜即成。

制作指导 加入盐调味时，煮的时间要适当延长一会儿，可以使香菇的鲜味更浓。

营养功效 牛肉的营养价值很高，富含蛋白质、脂肪、维生素和钙、铁等成分，对增长肌肉、增强力量特别有效。

鲜蔬牛肉饭

材料 软饭150克，牛肉70克，胡萝卜35克，西蓝花、洋葱各30克，小油菜40克

调料 盐3克，鸡粉2克，生抽5毫升，水淀粉、食用油各适量

做法

1 小油菜切段；胡萝卜、牛肉切片；洋葱切块；西蓝花切朵。

2 牛肉片入碗加生抽、鸡粉、水淀粉、油拌匀腌渍。

3 胡萝卜、西蓝花、盐、小油菜入沸水锅焯煮后，捞出。

4 用油起锅，下牛肉片，炒至变色，倒洋葱、软饭炒匀。

5 再放生抽、盐，炒匀调味，下焯过水的食材翻炒至熟。

6 关火后盛出炒制好的米饭，装在碗中即成。

制作指导 选用的软饭最好是含水分较少的，以免炒制时粘在一起，不易入味。

营养功效 洋葱含有糖、蛋白质及矿物质、维生素等成分，能促进机体代谢，较好地调节神经，增强记忆力。

鸡肉布丁饭

材料 鸡胸肉40克，胡萝卜30克，鸡蛋1个，芹菜20克，软饭150克，牛奶100毫升

做法

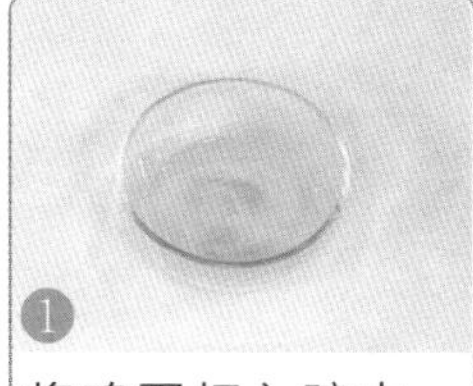

1. 将鸡蛋打入碗中，打散，调匀。

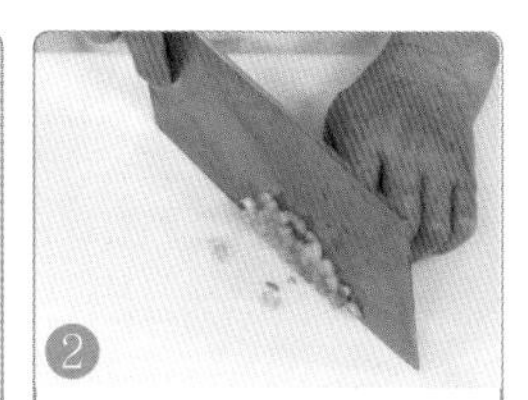

2. 洗好的胡萝卜切粒；洗净的芹菜切粒；洗好的鸡胸肉切粒。

3. 将米饭倒入碗中，再放入牛奶，倒入蛋液，拌匀。

4. 放入鸡肉丁、胡萝卜、芹菜，搅拌匀，并装入碗中。

5. 将加工好的米饭放入烧开的蒸锅中，用中火蒸熟。

6. 揭盖，把蒸好的米饭取出，待稍微冷却后即可食用。

制作指导 本款料理最适宜给幼儿食用，因此制作中不加盐等调料。

营养功效 芹菜含有维生素、蛋白质、脂肪、膳食纤维、胡萝卜素及钙、磷、钾等成分，具有清热利湿、平肝健胃、镇静安神的作用。

鸡肉花生汤饭

材料 鸡胸肉50克，小油菜、秀珍菇各少许，软饭190克，鸡汤200毫升，花生粉35克

调料 盐2克，食用油少许

做法 ①鸡胸肉切丁；秀珍菇切粒；小油菜切小块。②用油起锅，下鸡肉丁炒至变色。③下小油菜，再放秀珍菇，快速炒至食材断生。④倒鸡汤拌匀，再加盐略煮片刻；待汤汁沸腾后倒软饭煮沸。⑤撒花生粉拌匀，续煮至其溶化。⑥盛出煮好的汤饭，装在碗中即成。

制作指导 花生粉沾水后比较黏，所以撒上花生粉后要快速地拌匀，以免其凝成团。

鲜虾汤饭

材料 虾仁45克，菠菜50克，秀珍菇35克，胡萝卜45克，软饭170克

调料 盐2克

做法 ①洗净的菠菜切粒；洗好的秀珍菇切片，切丁，再剁粒；洗净的胡萝卜切片，切丝，改切粒；洗净的虾仁切丁，剁粒。②汤锅中注入清水烧开，倒入胡萝卜、香菇。③倒入软饭，拌匀。④用小火煮至食材软烂，倒入虾仁，拌匀。⑤放入菠菜煮沸，加入盐调味。⑥把煮好的汤饭盛出，装入碗中即可。

制作指导 切虾仁前，应沿着虾仁的背部剪开，将虾线彻底地去除干净，以免影响成品的口感。

牛肉海带汤饭

材料 米饭150克，高汤270毫升，水发海带15克，牛肉35克，葱花少许

调料 料酒4毫升，盐少许，食用油适量

做法 ①洗好的海带划小块。②洗净的牛肉切小丁块再剁碎。③炒锅注油烧热，下牛肉，快速翻散至变色。④淋入料酒，炒出香味。⑤倒入海带，炒匀，加入米饭，再分次加入高汤，炒至米饭松散。⑥加入盐调味，撒上葱花，炒出葱香味，并盛出，装入碗中即可。

制作指导 干海带上有很多盐，泡发好后可用清水冲洗一会儿。

南瓜拌饭

材料 南瓜90克，芥菜叶60克，水发大米150克

调料 盐少许

做法 ①去皮洗净的南瓜切片，再切条，改切粒；洗好的芥菜切粒。②大米入碗加水，把切好的南瓜放入碗中。③分别将装有大米、南瓜的碗放入蒸锅中蒸熟，把蒸好的大米和南瓜取出。④汤锅注入清水烧开，放入芥菜煮沸。⑤放入蒸好的南瓜，搅拌匀，加入盐调味。⑥将煮好的食材盛出，装入碗中即成。

制作指导 煮制时要充分搅拌均匀，以保证成品口感均匀。

石锅拌饭

材料 牛肉50克，鸡蛋45克，黄瓜45克，胡萝卜20克，豆芽、鲜香菇、冷米饭、葱花各少许

调料 盐、鸡粉各3克，生抽、水淀粉、食用油、老抽、料酒、辣椒酱、猪油、芝麻油各适量

做法

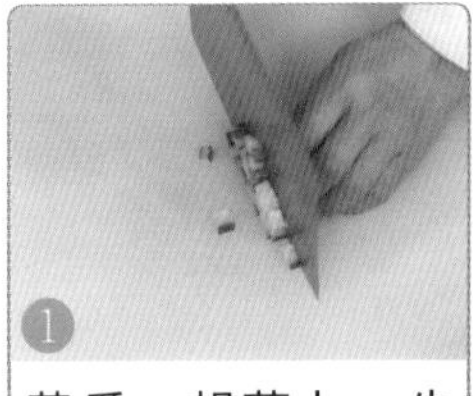

1 黄瓜、胡萝卜、牛肉、香菇均切丁块；豆芽切段。

2 牛肉用盐、生抽、鸡粉、水淀粉、食用油腌渍10分钟。

3 鸡蛋打入碗中调成蛋液，用油起锅，将蛋液炒成蛋花状。

4 锅底留油，下牛肉、香菇、豆芽、胡萝卜和黄瓜，

5 加除猪油、食用油、芝麻油外的调料，拌匀，制成酱菜。

6 石锅中放剩余调料、米饭、酱菜、蛋花、葱花烧热即可。

制作指导 石锅内壁涂的油也可以使用芝麻油。

营养功效 豆芽中含有丰富的维生素C，可以治疗坏血病，还富含膳食纤维，有预防消化道癌症（食道癌、胃癌、直肠癌）的功效。

Part 3

色彩缤纷的面条

面条是一种制作简单、食用方便、营养丰富，即可主食又可快餐的健康保健食品，广受人们欢迎，而且花样繁多，品种多样，如福建的龙须面、棋子面，江苏的空心面，山西的刀削面等，各具特色，驰名全国。

茼蒿清汤面

材料 挂面90克，茼蒿80克，葱花少许

调料 盐3克，鸡粉2克，食用油适量

做法 ①锅中注入适量清水，用大火烧开，再放入盐、鸡粉。②倒入适量的食用油，将挂面倒入锅中。③用筷子将挂面搅散，煮5分钟至面条七成熟。④加入洗好的茼蒿，拌匀，煮至食材熟软。⑤放入葱花，拌匀，略煮片刻。⑥关火，起锅，盛出锅中的材料，装入汤碗中即可。

制作指导 为了防止面粘在一起，可以用筷子沿锅沿慢慢搅动面条。

香菇青菜面

材料 菜心150克，鲜香菇100克，挂面100克，葱花少许

调料 盐5克，鸡粉4克，食用油适量

做法 ①洗净的菜心切去老茎，备用；洗净的香菇切成片，备用。②锅中倒入清水，大火烧开，加入少许食用油。③放入挂面，加盐、鸡粉，搅拌匀，煮约2分钟至熟。④放入香菇，搅拌匀，煮约5分钟至熟。⑤加入菜心，搅拌匀，煮约1分钟至断生。⑥把煮熟的食材盛出，装入碗中，撒上葱花即可。

制作指导 若食用没煮熟的香菇易中毒，所以烹饪香菇的时间不能太短，要充分煮熟再食用。

金针菇面

材料 金针菇40克，小油菜70克，虾仁50克，葱花少许，面条100克

调料 盐2克，鸡汁、生抽、油各适量

做法 ①把洗净的金针菇切段；洗好的小油菜切成粒；面条切成段。②虾仁挑去虾线，切成粒。③汤锅注水烧开，放入适量调料，拌匀。④放入面条，加入适量油，煮至面条熟透。⑤放入金针菇、虾仁，拌匀煮沸。⑥放入小油菜，用大火烧开。⑦撒入葱花，搅拌匀。⑧把煮好的面条盛出，装入碗中即可。

制作指导 鸡汁不要放太多，以免掩盖食材本身的鲜味。

南瓜西红柿面疙瘩

材料 南瓜、西红柿各80克，面粉120克，茴香叶末少许

调料 盐2克，鸡粉1克，食用油适量

做法 ①洗净的西红柿和南瓜分别切成小瓣和片。②面粉倒碗中，加盐、水、油，搅拌至呈稀糊状。③锅中注水烧开，加盐、油、鸡粉，倒入南瓜，拌匀，煮至其断生。④再倒入西红柿，拌匀，小火煮5分钟。⑤再倒入面糊，搅匀、打散，至其呈疙瘩状，煮至粥浓稠，盛出面疙瘩。⑥缀以茴香叶末即可。

制作指导 搅拌面粉时，要分次加入清水，以免加入太多清水，使面糊太稀。

荞麦猫耳面

材料 荞麦粉300克，彩椒60克，胡萝卜80克，黄瓜80克，西红柿85克，葱花少许

调料 盐4克，鸡粉4克，鸡汁8克

做法

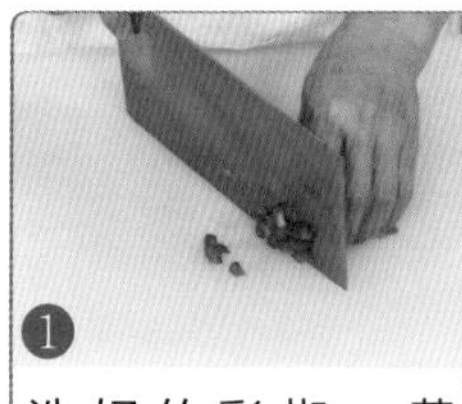

1. 洗好的彩椒、黄瓜、胡萝卜、西红柿分别切成粒。

2. 荞麦粉中加适量盐、鸡粉、水，搅匀，至其成为面团。

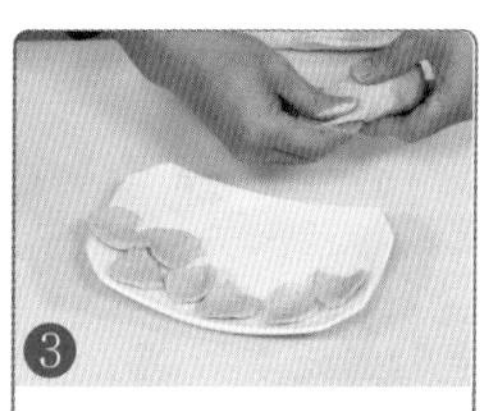

3. 将荞麦面团挤成猫耳面剂子，摘下，制成猫耳面生坯。

4. 锅中清水烧开，放入鸡汁及其余食材，加调料，煮熟。

5. 放入猫耳面，搅匀，再煮2分钟，至猫耳面熟透。

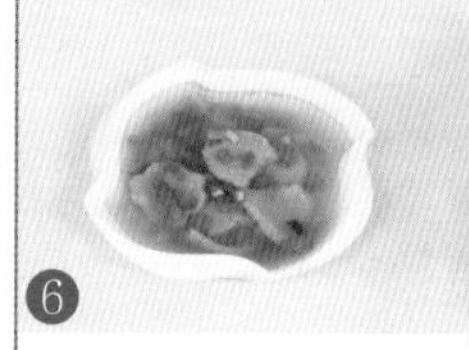

6. 关火后盛出煮好的猫耳面，装入碗中即可。

制作指导 煮猫耳面的时间不能太长，否则口感会变差。

营养功效 荞麦含有维生素B_1、维生素B_2、维生素E、烟草酸、柠檬酸、苹果酸、芦丁、钙、磷、铁等营养物质，具有健胃、消积、止汗之功效。

豆角焖面

材料 挂面100克，豆角100克，葱段、蒜末各少许

调料 盐、鸡粉各2克，生抽5毫升，豆瓣酱15克，上汤、料酒、食用油各适量

做法

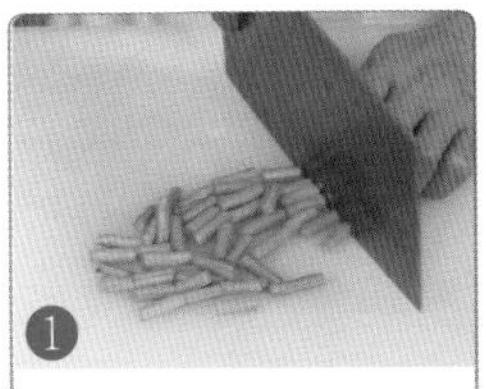

1. 洗净的豆角切成1厘米长的段，装入盘中。

2. 锅中放入水、油、面条，拌匀煮熟，再捞出装入碗中。

3. 用油起锅，倒入蒜末、豆角，淋入料酒，炒香。

4. 加入生抽、豆瓣酱、上汤、盐、鸡粉，炒匀倒入面条。

5. 小火焖1分钟至熟软，放入葱段，炒匀。

6. 把面条盛出，装入碗中即可。

制作指导 豆角不宜切后再洗，以免营养成分流失过多。

营养功效 豆角的营养价值很高，含有大量蛋白质、糖类、膳食纤维等营养成分。常食豆角能抑制胆碱酶活性，可帮助消化，增进食欲。

豆芽荞麦面

材料 荞麦面90克，大葱40克，绿豆芽20克

调料 盐3克，生抽3毫升，食用油2毫升

做法

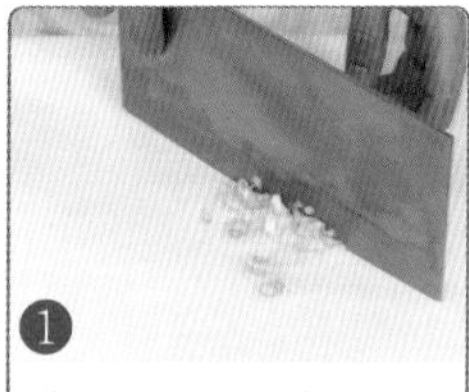

1. 洗净的豆芽切段；洗好的大葱切成碎片；荞麦面折成段。

2. 锅中注入适量清水烧开，加入少许盐、食用油。

3. 淋上生抽，拌煮片刻，倒入荞麦面，搅拌至汤汁入味。

4. 盖上锅盖，用小火煮4分钟至荞麦面熟软。

5. 揭盖，放入绿豆芽，轻拌至其变软，再煮至熟透。

6. 关火后将食材盛入碗中，撒上葱片，浇上热油即可。

制作指导 锅中的调味料搅匀后煮一会儿，至沸腾后再下入荞麦面，面条的味道会更好一些。

营养功效 荞麦面富含膳食纤维，有很高的食用价值。幼儿食用荞麦面，对保护视力很有帮助。

腊肉土豆豆角焖面

材料 腊肉50克，土豆45克，豆角10克，面条80克，葱花少许

调料 料酒、生抽、食用油、芝麻油各适量

做法

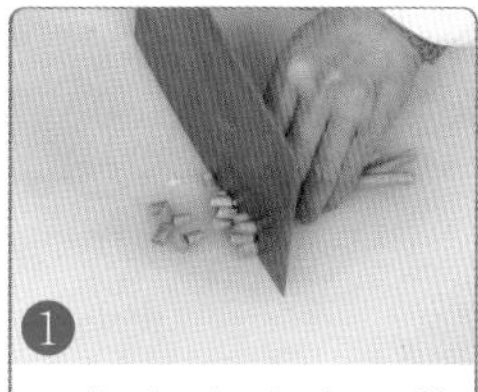

豆角和去皮土豆均切成丁；腊肉切细条，改切成丁块。

用油起锅，将腊肉炒出油脂，放入豆角、土豆，炒匀。

淋料酒、生抽，炒匀炒香，注入少许清水。

加盖，用中火焖约3分钟，揭盖，倒入面条，拌匀。

将面条大火焖煮至熟透，撒上葱花，淋入芝麻油，炒匀。

关火后盛出即可。

制作指导 腊肉最好选用肥瘦相间的，如果没有，可以用新鲜的五花肉代替。

营养功效 土豆含有丰富的膳食纤维，食用后具有饱腹感，能带走一些油脂和垃圾，具有一定的通便排毒作用。

肉末面条

材料 菠菜30克，胡萝卜40克，面条90克，肉末40克

调料 盐2克，食用油2毫升

做法 ①将洗净的胡萝卜切成粒；洗好的菠菜切碎；面条折成段，装入碗中。②锅中注入清水，用大火烧开，放入胡萝卜，煮约1分钟至熟。③加入适量盐、食用油。④放入面条，拌匀，烧开后用小火煮5分钟。⑤倒入肉末，搅拌匀，放入切好的菠菜，拌匀煮沸。⑥将锅中煮好的材料盛出，装碗即可。

制作指导 可先将菠菜放入开水中焯一下，既可除去草酸，也利于人体吸收菠菜中的营养。

菠菜肉末面

材料 面条85克，肉末55克，胡萝卜50克，菠菜45克

调料 盐少许，食用油2毫升

做法 ①将洗好的菠菜切成粒；去皮洗净的胡萝卜切切成粒。②汤锅中注入清水烧开，倒入胡萝卜粒，加盐。③注入食用油，拌匀，用小火煮约3分钟至胡萝卜断生。④放入肉末，拌匀，煮沸。⑤下入备好的面条，拌匀，使面条散开，用小火煮约5分钟至面条熟透。⑥倒入菠菜末，拌匀，续煮至断生，盛入碗中即可。

制作指导 将面条事先切短一些再煮，既方便幼儿食用，又能促进营养的吸收。

肉末西红柿煮面片

材料 面片270克，肉末60克，西红柿75克，蒜末、茴香叶各少许

调料 盐2克，鸡粉2克

做法 ①洗净的西红柿切小瓣，备用。②用油起锅，倒入肉末，炒至变色。③放入西红柿，撒入蒜末，炒匀炒香。④注入适量清水，拌匀，盖上锅盖，用中火煮约2分钟。⑤揭开锅盖，加入少许盐、鸡粉，下入面片，拌匀，煮至熟软。⑥关火后盛出煮好的面片，装入碗中，点缀上茴香叶即可。

制作指导 按照西红柿的纹理切瓣，这样就不会让里面的汁液流出来。

榨菜肉丝面

材料 拉面70克，菜心30克，榨菜40克，瘦肉50克，葱花少许

调料 盐8克，老抽2毫升，鸡粉2克，上汤、料酒、水淀粉、食用油各适量

做法 ①瘦肉切丝，加入盐、鸡粉、水淀粉，拌匀，加油，腌渍10分钟，备用。②沸水中放油、菜心，断生捞起，备用。③面条加盐，煮熟捞出备用。④锅中加入上汤和水烧开，加盐、鸡粉，拌匀，关火。⑤肉丝加榨菜，炒匀。⑥汤汁勾芡，然后倒在面上，缀以葱花即可。

制作指导 榨菜含盐量高，使用前应用水浸泡片刻。

酸豆角肉末面

材料 酸豆角100克，瘦肉70克，挂面100克，上汤200毫升，葱花少许

调料 盐7克，料酒5毫升，老抽3毫升，鸡粉少许，水淀粉、食用油各适量

做法

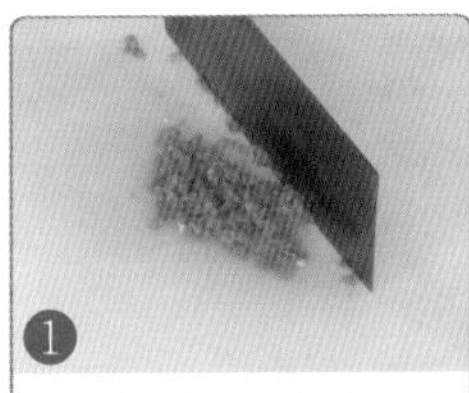

1. 洗净的豆角切成粒；洗净的瘦肉切肉末。

2. 沸水锅中放入油、面条、盐，搅拌，煮熟后装入碗中备用。

3. 用油起锅，倒入肉末，炒至转色，淋入料酒，炒香。

4. 加入老抽，炒匀上色，倒入酸豆角，炒匀。

5. 加入上汤、盐、鸡粉，调味，加入适量水淀粉，勾芡。

6. 将汤料浇在面条上，撒上葱花即可。

制作指导 酸豆角较咸，烹食时要少放盐，以免太咸影响口感。

营养功效 豆角所含的B族维生素能抑制胆碱酶活性，可帮助消化，具有开胃消食的作用。

芽菜肉丝面

材料 芽菜20克，绿豆芽25克，瘦肉50克，红椒丝10克，面条60克，芹菜30克

调料 盐3克，鸡粉2克，水淀粉6毫升，食用油适量

做法

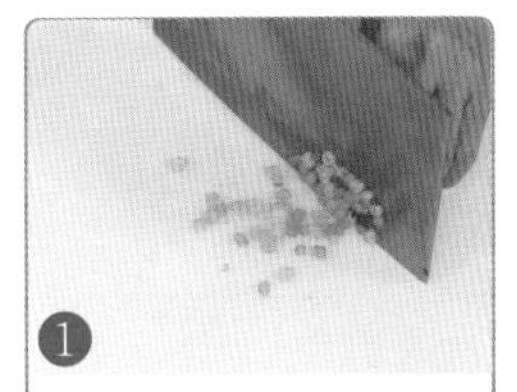

1. 芹菜洗净切成粒；瘦肉洗净切细丝；面条折小段。

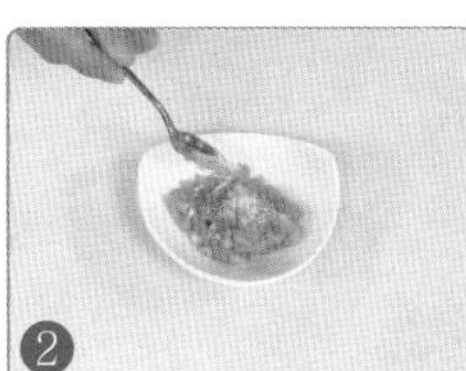

2. 把肉丝放入碗中，加入全部调料，腌渍10分钟至入味。

3. 沸水锅中放入食用油、面条，调入盐、鸡粉，拌匀。

4. 待面汤沸腾后倒入芽菜、绿豆芽、肉丝，拌匀。

5. 续煮约3分钟，放入芹菜，煮至断生。

6. 关火后盛出煮好的面条，放上红椒丝即成。

制作指导 绿豆芽的根须容易塞在牙缝中，对幼儿的牙齿发育不利，切的时候应去除不用。

营养功效 芹菜有平肝清热、健胃利血、清肠利便、润肺止咳、健脑镇静的功效，且铁含量丰富，幼儿宜多食。

猪蹄面

材料 猪蹄250克，挂面、生菜各80克，姜片20克，香叶、红曲米、八角各10克，葱花少许

调料 盐、鸡粉、白糖各7克，白醋、老抽各10毫升，上汤、料酒、水淀粉、油各适量

做法

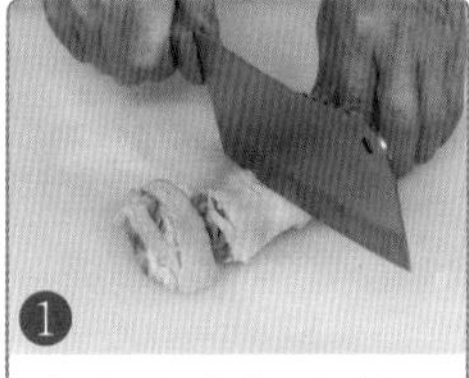

猪蹄洗净斩成块，加入白醋、料酒，沸水中煮后捞起。

油锅中加入姜片、八角爆香，再加入水和调料，拌匀。

用小火焖40分钟，倒入水淀粉勾芡，把猪蹄盛出。

沸水锅中加入油、生菜，煮约半分钟，将生菜捞出。

面条加盐，煮开盛入碗中。上汤中加调料拌匀，煮沸。

将汤汁浇在面上，依次放入生菜、猪蹄、葱花即可。

制作指导 烹调猪蹄时宜少放盐，这样能保持住更多的营养价值。

营养功效 常食猪蹄可有效地改善机体生理功能，对消化道出血等失血性疾病有一定食疗功效。且能使皮肤丰满润泽，还是用来强体增肥的食疗佳品。

红烧排骨面

材料 排骨150克，碱水面条100克，上汤400毫升，葱白、蒜末、葱花各少许

调料 料酒15毫升，老抽2毫升，生抽5毫升，盐11克，鸡粉4克，食用油适量

做法

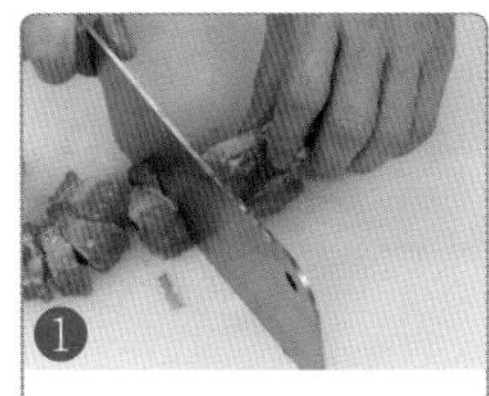

将排骨洗净，再用刀将洗净的排骨斩成小块。

清水锅中放入排骨、料酒，烧开汆去血水，捞出备用。

油锅中倒入面以外的食材，加入调料焖熟，勾芡，盛出。

沸水锅中放入油、面条、盐，煮熟后将其捞起盛入碗中。

锅中另加上汤，加少许盐、鸡粉，拌匀，煮至沸腾。

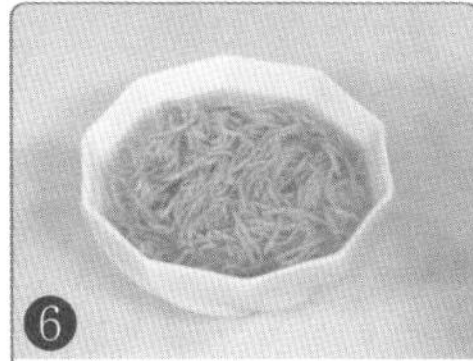

把汤汁盛入面条中。再放入排骨，撒上葱花即可。

制作指导 焖排骨时可滴入几滴食醋，使排骨中的营养物质更好地溶解在汤汁里，以便更好地被人体吸收利用。

营养功效 排骨可增强免疫力。此外，排骨还富含B族维生素、锌，有营养脑细胞的功效。

排骨黄金面

材料 面条130克，排骨段100克，胡萝卜35克，小油菜45克

调料 盐2克，鸡粉2克，料酒4毫升，食用油适量

做法 ①排骨段放入砂锅中淋上料酒煮沸。②再用中火煮40分钟，捞出待用。③胡萝卜切成粒；小油菜切碎；猪骨切取肉，剁成末，备用。④猪骨汤中放入面条，煮开后倒入备好的食材，转大火，煮至熟软，加入调料，煮至入味。⑤把煮好的面条装入碗中即可。

制作指导 宜选用肥瘦相间的排骨，不能选全部是瘦肉的，否则煮出的面口感较差。

红烧牛肉面

材料 碱水面150克，牛肉100克，香菜15克，蒜头20克，上汤100毫升

调料 盐9克，鸡粉2克，生抽2毫升，老抽3毫升，辣椒油6毫升，水淀粉、料酒、食用油各适量

做法 ①蒜头、牛肉切片；香菜切段。②牛肉片用生抽、水淀粉、油等腌渍片刻。③沸水中加入油、盐、面条，煮熟备用。④将蒜片爆香，牛肉片炒匀。⑤加入调料拌匀。⑥将炒好的牛肉汤汁盛入面条中，撒上香菜即可。

制作指导 牛肉不易烹饪烂，所以在炒制时可放少许山楂或橘皮，有利于炒烂。

鸡蓉玉米面

材料 水发玉米粒40克，鸡胸肉20克，面条30克

调料 盐少许

做法 ①把洗净的玉米粒剁碎；面条切成段；洗净的鸡胸肉剁成肉末。②油锅中放入肉末，炒至转色。③倒入清水，放入玉米蓉，拌匀搅散，加入适量盐，拌匀调味。④盖上锅盖，用大火煮至沸腾，揭盖，放入面条，拌匀。⑤盖上盖，用中火煮4分钟至食材熟透。⑥揭盖，盛出煮好的面条，装入碗中即成。

制作指导 面条入锅后要加入适量的清水，用锅铲搅散拌匀，以免粘在一起。

鸡丝荞麦面

材料 鸡胸肉120克，荞麦面100克，葱花少许

调料 盐2克，鸡粉少许，水淀粉、食用油各适量

做法 ①将洗净的鸡胸肉切丝。②装入碗中，加盐、鸡粉。③加水淀粉拌匀，再注入油，腌渍约至入味。④荞麦面入沸水锅中加入鸡粉、盐、油，拌匀。⑤大火煮至断生。⑥放入鸡肉丝，转中火续煮至熟透。⑦关火后盛出面条，放在汤碗中，撒上葱花即成。

制作指导 煮面时可以盖上锅盖，这样可以缩短烹饪的时间。

火腿鸡丝面

材料 挂面70克，鸡胸肉100克，火腿肠60克，葱花少许

调料 上汤400毫升，盐3克，胡椒粉、食用油各适量

做法

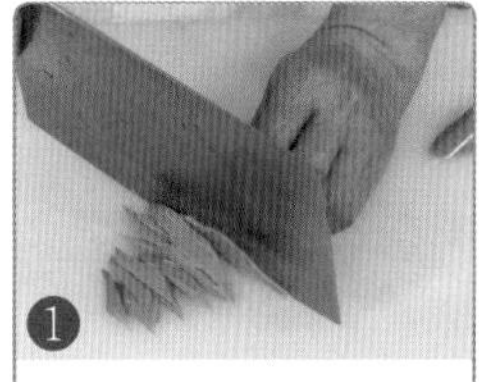

1 将洗净的鸡胸肉切成丝；火腿肠切成片。

2 鸡肉丝中加盐、水淀粉、油，腌渍片刻至入味。

3 沸水锅中加油、面条，煮熟捞出面条，装入碗中。

4 油锅中倒入火腿肠，再加入上汤、盐，煮沸。

5 放入鸡肉丝，搅散，加入胡椒粉，拌匀调味。

6 把煮好的汤料盛在面条中，最后撒上葱花即可。

制作指导 煮面时，可以在沸水锅中加少许盐，这样可以让面不粘锅不煮煳，且煮出来的面条更加清爽、筋道。

营养功效 鸡肉含有丰富的蛋白质，消化率高，易被人体吸收利用。此外，还有增强体力、强壮身体的作用。

生菜鸡丝面

材料 鸡胸肉150克，上汤200毫升，生菜60克，碱水面条80克

调料 盐3克，鸡粉3克，水淀粉3毫升，食用油适量

做法

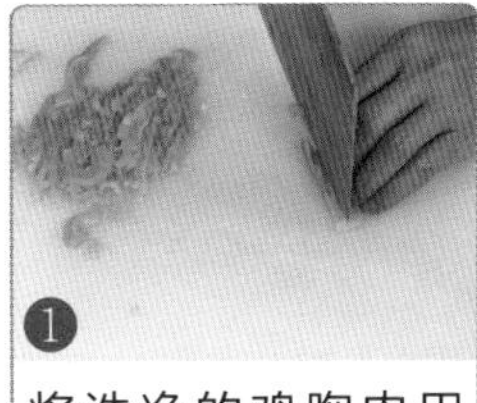

1 将洗净的鸡胸肉用刀切成丝，肉丝盛入碗中。

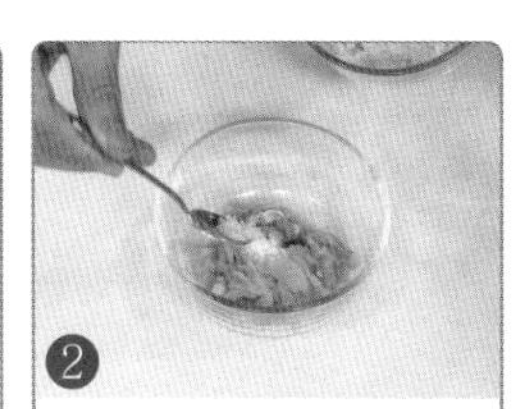

2 加入盐、鸡粉、水淀粉、食用油，腌渍10分钟。

3 沸水锅中放入碱水面搅拌，煮熟捞出，装入碗中。

4 锅中加入少许清水，加入上汤煮沸，放入鸡肉丝。

5 加盐、鸡粉，放入生菜，煮熟夹出。放在面条上。

6 最后，将鸡肉丝和汤汁加入煮好的面条上即可。

制作指导 为保持生菜的营养和口感，焯水时间不宜长，烫到生菜叶稍微发软即可。

营养功效 鸡肉营养丰富，它所含的脂肪酸多为不饱和脂肪酸，极易被人体吸收，也是人体生长发育所必需的。

鸡肝面条

材料 鸡肝50克，面条60克，小白菜50克，蛋液少许

调料 盐2克，鸡粉2克，食用油适量

做法

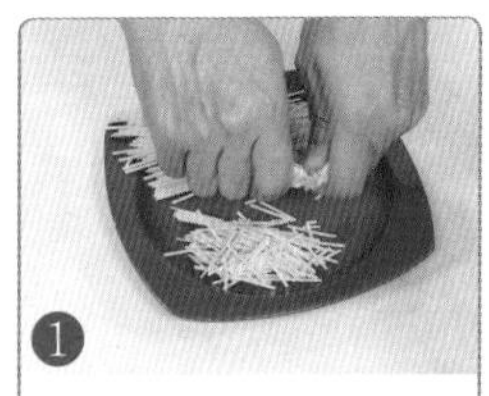

1. 将洗净的小白菜切碎；面条折成段。

2. 沸水锅中放入鸡肝，煮至熟，捞出晾凉切片，剁碎。

3. 沸水锅中放入油、盐、鸡粉，面条，小火煮至其熟软。

4. 放入小白菜，再下入鸡肝，搅拌匀，煮至沸腾。

5. 倒入蛋液，搅匀，煮沸。

6. 关火，把煮好的面条盛入碗中即可。

制作指导 煮鸡肝的时间应适当长一些，放入沸水中至少煮5分钟，以鸡肝完全变为灰褐色为宜。

营养功效 鸡肝中的维生素A能保护眼睛，维持正常视力。宝宝适量进食可增强免疫力，有益于身体健康。

蛋黄银丝面

材料 小白菜100克，熟鸡蛋1个，面条75克

调料 盐2克，食用油少许

做法

沸水锅中倒入小白菜焯煮约半分钟，捞出，沥干水分。

把面条切段；小白菜切粒；熟鸡蛋剥取蛋黄后切细末。

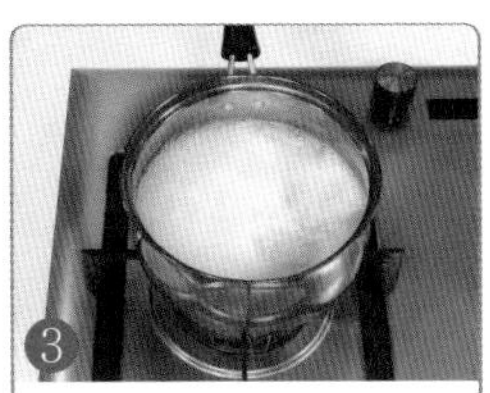

沸水锅中下入面条，放入少许盐，再注入适量油。

盖上盖子，用小火煮约5分钟至面条熟软。

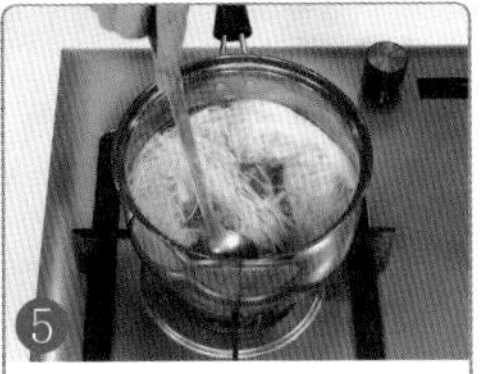

揭盖倒入小白菜，搅拌至其浸入面汤中，续煮至熟透。

关火后盛出面条和小白菜，放在碗中，撒上蛋黄末即成。

制作指导 煮面条时不宜用大火，否则很容易将面条煮成夹生品，不易消化。

营养功效 小白菜不仅有助于增强机体免疫能力，且幼儿食用小白菜，还有清肺热、去毒素等功效。

西红柿鸡蛋面

材料 碱水面100克，西红柿150克，小油菜100克，鸡蛋1个，葱花少许

调料 上汤250毫升，盐8克，白糖3克，鸡粉2克，水淀粉、食用油各适量

做法 ①小油菜切瓣；西红柿切块。②鸡蛋加盐打散。③沸水锅中加入油、小油菜、面条、盐，煮熟捞出。④油锅中加上汤等调料拌匀，关火后倒在面上。⑤油锅中倒入蛋液，炒熟盛出。锅留底油，放入西红柿和调料炒匀。⑥把西红柿鸡蛋盛在面条上，撒上葱花即可。

制作指导 食用小油菜时要尽量现做现切，并用旺火爆炒，这样既可保持鲜脆，又可保留营养成分。

西红柿鸡蛋打卤面

材料 面条80克，西红柿60克，鸡蛋50克，蒜末、葱花各少许

调料 盐2克，鸡粉3克，食用油、番茄酱、水淀粉各适量

做法 ①西红柿切块。②鸡蛋打散调成蛋液。③沸水锅中放入油、面条，煮至熟软，捞出备用。④油锅中将蛋液炒成蛋花状，盛入碗中。⑤锅留油烧热，将蒜末爆香，依次放入西红柿、蛋花、水、调料，拌匀后勾芡，关火待用。⑥将锅中材料倒在面上，缀以葱花即可。

制作指导 如果害怕市售番茄酱里面含有苏丹红和其他添加剂的成分，可以自制番茄酱。

生菜鸡蛋面

材料 面条120克，鸡蛋1个，生菜65克，葱花少许

调料 盐2克，鸡粉2克，食用油适量

做法 ①鸡蛋打入碗中，制成蛋液。②油锅中倒入蛋液，炒至熟。③关火后盛出炒好的鸡蛋，待用。④沸水锅中放入面条，搅匀。⑤加入盐、鸡粉，拌匀调味。⑥盖上盖，用中火煮约2分钟，至其熟软。⑦揭盖，加入油、炒好的鸡蛋，搅匀。⑧放入生菜，拌煮至变软。⑨关火后将面盛出，撒上葱花即可。

制作指导 生菜不宜煮太久，否则口感会变差。

茯苓红花鸡蛋面

材料 面条75克，鸡蛋1个，红花、茯苓、姜片、葱花各少许

调料 盐2克，食用油适量

做法 ①鸡蛋打入碗中，打散调匀，备用。②沸水锅中倒入红花、茯苓。③盖上盖，小火煮20分钟，至药材释出有效成分，揭盖，捞出药材。④倒入面条，撒上姜片，拌匀。⑤淋入油，拌匀后用中火煮熟。⑥揭盖，倒入蛋液，搅散。⑦加入盐，搅拌片刻至其入味。⑧关火后将面团盛出，撒上葱花即可。

制作指导 倒入鸡蛋时，搅动不要太快，以免蛋花打得太碎。

砂锅鸭肉面

材料 面条60克，鸭肉块120克，小油菜35克，姜片、蒜末、葱段各少许

调料 盐3克，鸡粉3克，食用油、料酒各适量

做法

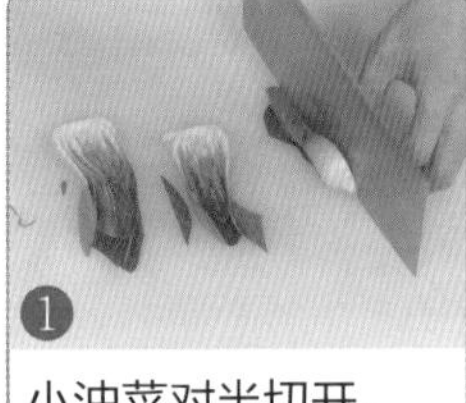

1. 小油菜对半切开。

2. 锅中注入适量清水烧开，加食用油。

3. 倒入小油菜，拌匀，焯煮至断生，沥水捞出。

4. 沸水锅中倒入鸭肉，拌匀，汆去血渍，去除浮沫，沥水捞出。

5. 砂锅中注清水烧开，入鸭肉，淋入料酒，撒上蒜末、姜片。

6. 加盖，烧开后用小火煲煮约30分钟。

7. 揭盖，放入面条，拌匀。加盖，转中火煮约3分钟。

8. 揭盖拌匀，加盐、鸡粉调味。关火后放入小油菜、葱段即可。

海鲜面

材料 虾仁30克，八爪鱼50克，葱花少许，面条70克，小白菜60克

调料 盐3克，鸡粉3克，料酒5毫升，水淀粉3毫升，胡椒粉1克，食用油适量

做法

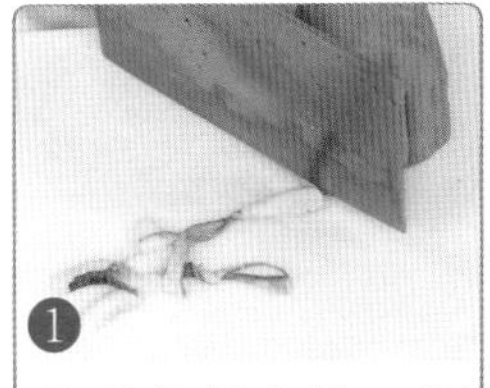

1. 八爪鱼切小块；虾仁切丁；小白菜、面条均切成段。

2. 将碗中的虾仁、八爪鱼加料酒、水淀粉、油等腌渍片刻。

3. 油锅中倒入虾仁、八爪鱼、料酒，炒香，加水用大火煮沸。

4. 倒入备好的面条，加入适量盐、鸡粉、胡椒粉。

5. 用小火煮5分钟至面条熟透，放入小白菜，拌匀煮沸。

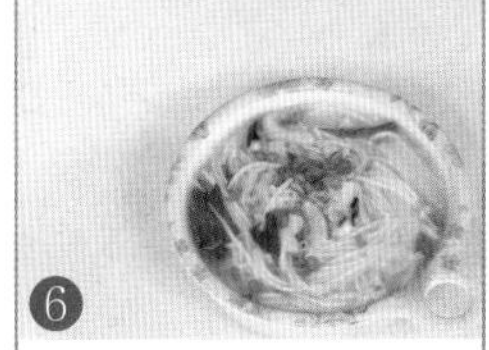

6. 将锅中材料装入碗中，撒上葱花即可。

制作指导 腌渍好的八爪鱼可以放入热水中汆煮片刻，能更好地去腥，成品味道也更佳。

营养功效 八爪鱼可以润肺止咳、开胃消食，尤其适宜体质虚弱、食欲不振、营养不良的幼儿食用。

虾仁菠菜面

材料 菠菜面70克，虾仁50克，菠菜100克，小油菜100克，胡萝卜150克

调料 盐5克，鸡粉3克，水淀粉、食用油各适量

做法

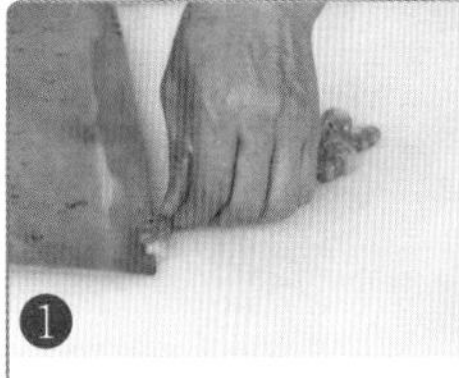

1. 小油菜切瓣；菠菜切段；胡萝卜去皮切丝；虾仁去虾线。

2. 虾仁装碟，加盐、鸡粉、水淀粉，腌渍5分钟至入味。

3. 沸水锅中加入食用油、盐，将小油菜焯煮，捞出。

4. 放入菠菜面，煮2分钟，加入胡萝卜，煮至断生。

5. 再放入菠菜，煮软，放入虾仁、鸡粉，拌匀。

6. 将虾仁菠菜面装入碗中，放入小油菜即可。

制作指导 菠菜含有大量的草酸，在食用前放入沸水锅中焯烫片刻，即可除去80%的草酸。

营养功效 虾仁肉质松软，易消化，对身体虚弱以及病后需要调养的人来说，虾仁是极好的调补食物。

菠菜小银鱼面

材料 菠菜60克，鸡蛋1个，面条10克，水发银鱼干20克

调料 盐2克，鸡粉少许，食用油4毫升

做法

1. 将鸡蛋打入碗中，搅散、拌匀，制成蛋液，备用。

2. 洗净的菠菜切成段；备好的面条折成小段。

3. 沸水锅中放入少许食用油，再加入盐、鸡粉。

4. 撒上银鱼干，煮沸后倒入面条，用中小火煮至熟软。

5. 揭盖，倒入菠菜，拌匀后再煮片刻至面汤沸腾。

6. 倒入备好的蛋液，边倒边搅拌，使蛋液散开。

7. 续煮片刻至液面浮现蛋花。

8. 关火后盛出煮好的面条，放在碗中即成。

油泼面

材料 宽面70克，小油菜100克

调料 上汤300毫升，盐2克，鸡粉2克，辣椒面3克，食用油适量

做法 ①沸水锅中加入油、小油菜，煮半分钟，再将其捞出，装入碗中。②将面条放入沸水锅中，搅散，将其煮熟后捞出，装入盘中。③锅中倒入上汤，加盐、鸡粉，拌匀煮沸。④把汤汁盛在面条上。⑤撒上辣椒面。⑥锅中加入适量食用油，烧热，把热油淋在面条上即可。

制作指导 焯煮小油菜时，可将小油菜的菜梗剖开，以便更入味。

葱油拌面

材料 拉面60克，红葱头40克，葱白、葱花各少许

调料 上汤50毫升，生抽5毫升，盐5克，鸡粉1克，食用油适量

做法 ①将洗净去皮的红葱头切片，装盘备用。②沸水锅中加入油、拉面，煮熟后捞出备用。③用油起锅，倒入红葱头、葱白爆香，加生抽、盐、鸡粉。④再加入上汤，拌匀煮沸，放入葱花，拌匀，制成葱油汁。⑤把葱油汁浇在拉面上即可。

制作指导 红葱头含有种特殊的香气，在食物中加入红葱头可以使菜品味道更佳。

干拌面

材料 拉面60克，上汤100毫升，辣椒面7克，葱花5克

调料 盐5克，生抽4毫升，陈醋4毫升，鸡粉2克，食用油适量

做法 ①锅中注入适量水烧沸，加入油、盐。②放入拉面，搅散，煮熟后将拉面捞出，备用。③用油起锅，倒入辣椒面爆香。④倒入上汤，加入生抽、盐。⑤加入鸡粉、陈醋，拌匀，放入葱花，拌匀，调成味汁。⑥把味汁浇在拉面上即可。

制作指导 自制拉面时，建议揉面时加入些油，可使面在煮时汤不糊，面条清爽，口感也更筋道。

蒜薹肉拌面

材料 碗面、蒜薹各50克，瘦肉100克，上汤60毫升，红椒15克

调料 生抽4毫升，盐3克，鸡粉2克，老抽2毫升，料酒、水淀粉、辣椒酱、食用油各适量

做法 ①蒜薹切段；红椒切丝；瘦肉切片。②肉片中加鸡粉、盐、水淀粉、油，腌渍片刻。③沸水锅中放入油、面，煮熟捞出。④油锅中倒入肉片，加入调料、蒜薹，拌匀入味。⑤勾芡后放入红椒炒匀，盛出，浇在面上即可。

制作指导 蒜薹不宜烹制得过烂，以免破坏辣素，降低杀菌作用。

泡菜肉末拌面

材料 泡萝卜40克，酸菜20克，肉末25克，葱花少许，面条100克

调料 盐3克，鸡粉3克，食用油、生抽、辣椒酱、陈醋、水淀粉、老抽各适量

做法

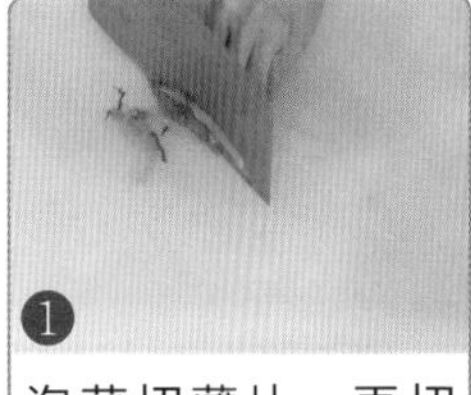

① 泡菜切薄片，再切丝；酸菜切粗丝。

② 锅中注入适量清水烧开，倒入泡萝卜、酸菜。

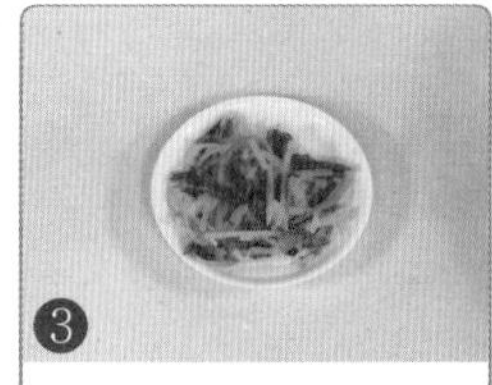

③ 拌匀，焯煮约1分钟，捞出材料，沥干水分，待用。

④ 沸水锅中加入油、面条，拌匀，煮至面条变软。

⑤ 捞出面条，沥干水，装在碗中，待用。

⑥ 油锅中倒入肉末，淋入生抽，倒入焯煮的材料，炒匀。

⑦ 加辣椒酱，注水炒匀，加调料拌匀调味，煮至熟。

⑧ 水淀粉勾芡后加老抽拌匀，关火盛出，撒上葱花即可。

西红柿鸡蛋拌面

材料 拉面60克，西红柿100克，鸡蛋1个，葱花少许

调料 上汤60毫升，番茄酱20克，盐5克，鸡粉2克，水淀粉、食用油各适量

做法

1. 西红柿洗净切成瓣。

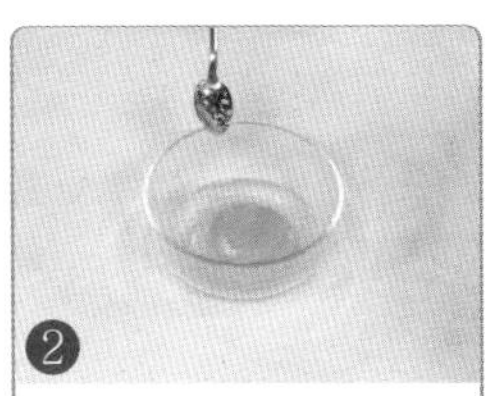

2. 鸡蛋打入碗中，加入盐、鸡粉，打散，调匀。

3. 沸水锅中放入油、拉面、盐，煮熟后将其捞出，备用。

4. 用油起锅，倒入蛋液翻炒熟，盛入碗中。

5. 油锅中倒入西红柿炒出汁，依次加入调料和鸡蛋，拌匀。

6. 将炒好的西红柿鸡蛋盛在面上，撒上葱花即可。

制作指导 如果不喜欢吃西红柿皮，可以用开水浇在西红柿上，或将西红柿放在开水里焯一下，皮将易剥落。

营养功效 西红柿能健胃消食，对食欲不振有很好的辅助治疗作用。肾炎病人多食亦佳。

碎肉拌面

材料 挂面50克，蒜薹40克，芹菜50克，瘦肉50克，圣女果30克，上汤50毫升，红椒少许

调料 豆瓣酱10克，老抽1毫升，料酒、水淀粉、食用油各适量

做法

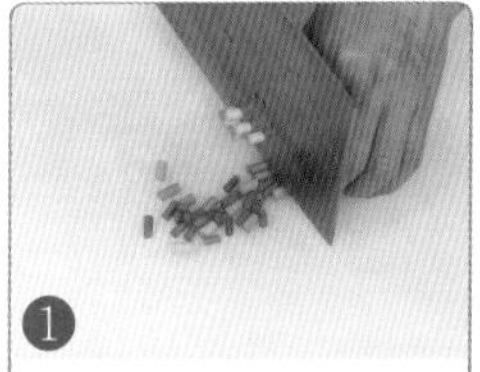

1. 蒜薹、芹菜均洗净切粒；圣女果、红椒、瘦肉均洗净切块。

2. 沸水锅中放入食用油、挂面，煮1分半钟，将面条捞出。

3. 油锅中放入肉块，炒至转色，加入老抽、料酒，炒匀。

4. 放入红椒、芹菜、蒜薹、上汤、圣女果，炒匀。

5. 加豆瓣酱拌匀，煮沸，加入水淀粉，炒匀，制成酱料。

6. 将炒好的酱料盛出，倒在面条上即可。

制作指导 芹菜叶中所含的胡萝卜素和维生素C比茎中的含量多，因此吃时最好不要把嫩叶扔掉。

营养功效 芹菜是辅助治疗高血压及其并发症的首选之品，对血管硬化、神经衰弱患者亦有辅助治疗作用。

芝麻核桃面皮

材料 黑芝麻5克，核桃20克，面皮100克，胡萝卜45克

调料 盐2克，生抽2毫升，食用油2毫升

做法

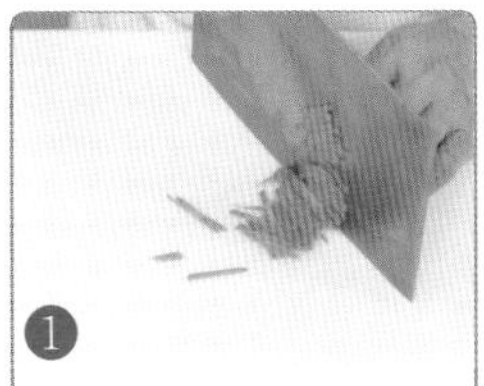

1 将洗净的胡萝卜切片，再切成丝；面皮切成小片。

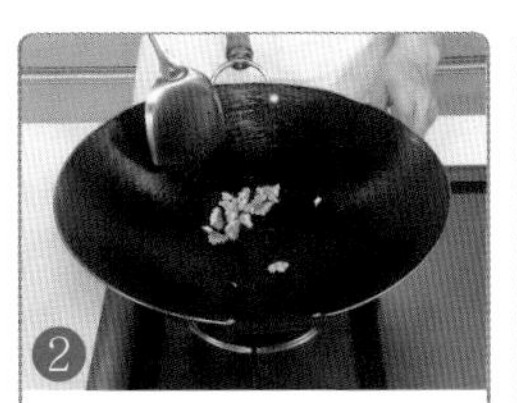

2 烧热炒锅，倒入核桃、黑芝麻，炒香后将其盛出。

3 把核桃、黑芝麻倒入榨汁机的杯中，拧紧刀座，放在机子上。

4 选择“干磨”功能，将其磨成粉，再将粉末倒入盘中。

5 沸水锅中倒入胡萝卜，盖上盖，烧开后用小火煮至其熟透。

6 揭盖，把胡萝卜捞去，留胡萝卜汁。

7 放入盐、生抽、油，面皮，拌匀后煮至面片熟透。

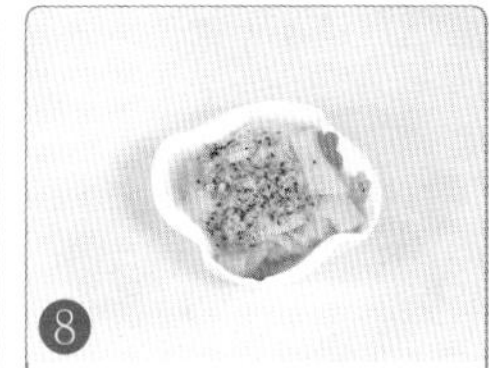

8 把煮好的面片盛出装碗，撒上核桃黑芝麻粉即可。

酸菜肉末打卤面

材料 面条60克，酸菜45克，肉末30克，蒜末、葱花各少许

调料 盐2克，鸡粉3克，食用油、辣椒酱、生抽、水淀粉、芝麻油各适量

做法

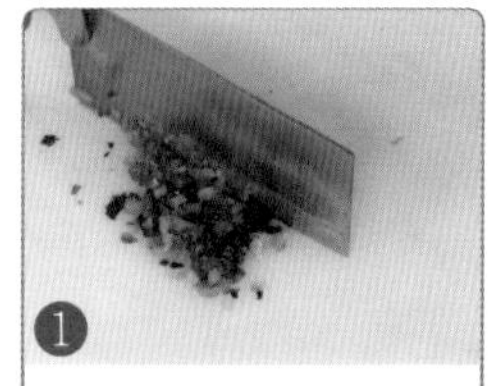

1. 酸菜切碎末。

2. 沸水锅中放入油、盐、鸡粉、面条，拌匀，煮熟捞出。

3. 油锅中倒入肉末，加生抽，炒匀，撒上蒜末，炒香。

4. 倒入酸菜、水、各类调料，拌匀，略煮至入味。

5. 用水淀粉勾芡，淋入芝麻油，拌匀。

6. 关火后盛出锅中的材料，浇在面条上即可。

制作指导 酸菜较咸，烹食时要少放盐，以免太咸影响口感。

营养功效 酸菜保留了原有蔬菜的大量营养成分，富含维生素C、氨基酸、有机酸、膳食纤维等营养物质，有保持胃肠道正常生理功能之功效。

炒面条

材料 熟宽面170克，洋葱65克，西红柿70克，芹菜60克，肉末75克

调料 盐、鸡粉各2克，生抽、老抽各5毫升，食用油适量

做法

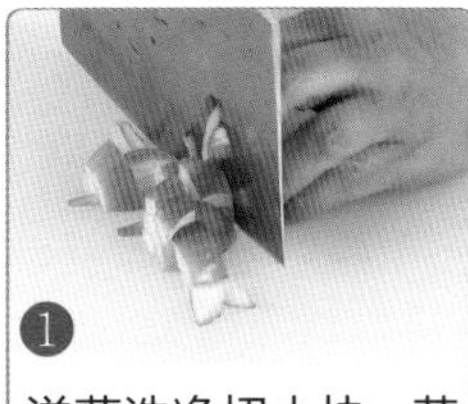

1. 洋葱洗净切小块；芹菜洗净切小段；西红柿洗净切小块。

2. 用油起锅，倒入肉末，炒至转色。

3. 放入洋葱块、西红柿、芹菜段、熟宽面，炒匀。

4. 加入生抽、老抽，炒匀。

5. 加入盐、鸡粉，翻炒约2分钟至入味。

6. 关火后盛出炒好的面条，装入盘中即可。

制作指导 可以根据自己的喜好，加入其他蔬菜。

营养功效 西红柿含有B族维生素、维生素C、胡萝卜素、钙、磷、铁等营养成分，有开胃消食、生津止渴等功效。

黑椒牛柳炒面

材料 熟拉面200克，牛肉80克，青椒40克，葱段、蒜末、姜末各少许

调料 盐2克，鸡粉3克，水淀粉5好事，蚝油5克，生抽3毫升，料酒4毫升，黑胡椒粉少许，老抽2毫升，食用油适量

做法 ①青椒洗净切丝；牛肉洗净切丝。②牛肉入碗，加盐、鸡粉料酒、生抽、食用油拌匀，腌渍10分钟。③锅注水烧开，放入牛肉，氽至转色捞出。④用油起锅，倒入姜末、蒜末爆香，倒入牛肉、青椒、蚝油、黑胡椒粉，炒匀。⑤倒入熟拉面、生抽、老抽、盐、鸡粉、葱段炒匀即可。

制作指导 牛肉腌渍的时间一定要足够，这样才能够入味，去除肉腥味。

口蘑牛肉意面

材料 熟意大利面200克，牛肉50克，口蘑60克，黄奶油40克

调料 盐2克，鸡粉2克，生抽3毫升，食用油适量

做法 ①将洗净的口蘑对半切开，切片；洗净的牛肉切条，切丁。②用油起锅，倒入牛肉，略炒。③加入黄奶油，炒至溶化，加入口蘑，炒匀。④倒入熟意大利面，加入少许清水，炒匀。⑤放入生抽、盐、鸡粉，炒匀调味。⑥将炒好的面条盛出装盘即可。

制作指导 可事先将黄奶油隔水融化成液体，再下入锅中炒制食材。

炒乌冬面

材料 乌冬面200克，火腿肠45克，韭菜45克，鱼板60克，鲜玉米粒40克

调料 盐2克，鸡粉2克，蚝油5克，生抽3毫升，食用油适量

做法 ①鱼板切片；韭菜洗净切段；火腿肠切段。②锅注水烧开，倒入乌冬面，煮沸，捞出。③用油起锅，放入玉米粒、鱼板，炒匀。④加入火腿肠，炒匀，倒入乌冬面，炒匀。⑤放入蚝油、生抽、盐、鸡粉，炒匀，调味。⑥放入韭菜，翻炒至熟软，盛出装盘即可。

制作指导 韭菜易熟宜放在后面炒制，可以保持韭菜脆嫩的口感。

海鲜炒乌冬面

材料 乌冬面200克，土豆80克，胡萝卜70克，虾仁50克，葱段少许

调料 盐2克，鸡粉3克，蚝油5克，生抽4毫升，食用油适量

做法 ①土豆洗净去皮切丝；胡萝卜洗净切丝；虾仁背部切开，去虾线。②锅注水烧开，倒入乌冬面，煮沸，捞出。③虾仁入沸水锅煮至转色，捞出。④用油起锅，倒入虾仁、土豆、胡萝卜、乌冬面，炒匀。⑤放入蚝油、生抽、水、盐、鸡粉、葱段，炒匀即可。

制作指导 虾线含有杂质应去除，以免影响虾肉的鲜味。

绝味炒面

材料 熟刀削面200克，土豆80克，火腿肠40克，豆瓣酱30克，蒜苗段20克，葱段少许

调料 鸡粉2克，生抽4毫升，食用油适量

做法 ①洗净去皮的土豆切厚片，切条，改切丁；火腿肠切条，切丁。②用油起锅，倒入豆瓣酱，炒香。③放入土豆、火腿肠，炒匀。④放生抽，加适量清水，加盖，中火焖5分钟。⑤揭盖，倒入熟刀削面，炒匀。⑥放鸡粉，倒入蒜苗、葱段，炒匀，盛出装盘即可。

制作指导 土豆去皮后，若不马上下锅，则应放入清水中浸泡，以免发生氧化，导致颜色发黑。

蚝油茄汁素炒面

材料 熟刀削面200克，西蓝花100克，水发木耳30克，番茄酱30克，胡萝卜50克

调料 盐2克，鸡粉2克，蚝油2克，生抽4毫升，食用油适量

做法 ①胡萝卜洗净去皮切丝；木耳洗净切丝；洗净的西蓝花切小朵。②用油起锅，倒入胡萝卜，略炒。③加入西蓝花，炒匀。④放入番茄酱、蚝油、木耳，炒匀。⑤倒入刀削面，炒匀。⑥加入生抽、盐、鸡粉，炒匀，盛出装盘即可。

制作指导 可先将西蓝花焯水，捞出沥干水分后再炒，这样更容易熟。

蚝油菇蔬炒面

材料 熟细面条200克，杏鲍菇80克，小油菜50克，葱段少许

调料 盐2克，鸡粉2克，生抽5毫升，蚝油5克，食用油适量

做法 ①杏鲍菇洗净切丝；小油菜洗净切瓣。②用油起锅，倒入杏鲍菇，炒至熟软，倒入葱段，炒香。③放入小油菜，炒至熟软，放入蚝油，炒匀。④倒入细面条，炒匀，放入生抽、盐、鸡粉调味。⑤盛出少许面条装盘，夹出小油菜围边。⑥盛出剩余的面条即可。

制作指导 杏鲍菇不易熟应先放入锅中炒制。

香辣包菜炒面

材料 熟细面170克，包菜80克，洋葱50克，蒜末少许

调料 豆瓣酱30克，盐2克，鸡粉2克，老抽3毫升，生抽5毫升，食用油适量

做法 ①处理好的洋葱切开，切成丝。②洗净的包菜切成丝，待用。③热锅注油烧热，倒入洋葱、包菜，炒软。④倒入蒜末、豆瓣酱，快速翻炒均匀。⑤倒入熟细面，翻炒匀，加入生抽、老抽、盐、鸡粉，翻炒调味。⑥关火后将炒好的面盛出装入盘中即可。

制作指导 面条是熟的，所以不要过分炒，否则口感不好。

三鲜炒面

材料 鸡蛋面150克，去皮胡萝卜90克，香菇2个，葱花少许

调料 盐、鸡粉各2克，生抽、老抽各5毫升，食用油适量

做法

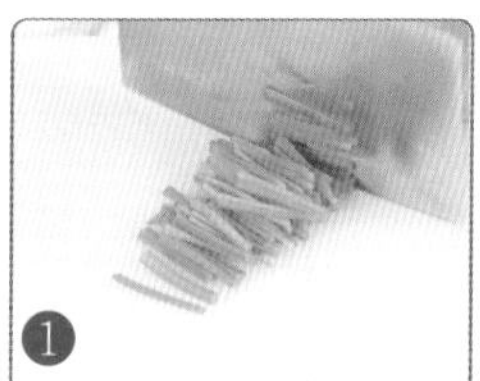

1. 洗净的胡萝卜切片，改切成丝；洗好的香菇切粗条。

2. 锅中注入适量清水烧开，放入鸡蛋面，煮熟，捞出装盘。

3. 用油起锅，倒入胡萝卜丝、香菇条，炒香。

4. 放入鸡蛋面，炒匀。

5. 加入生抽、老抽、盐、鸡粉，翻炒2分钟至入味。

6. 倒入葱花，炒匀，盛出，装入盘中即可。

制作指导 炒面不要炒得太干，否则食用后不容易消化。

营养功效 胡萝卜含有胡萝卜素、B族维生素、维生素C、钙、铁等营养成分，具有降血糖、增强免疫力、益肝明目等功效。

韩式辣酱炒面

材料 熟圆面180克，白菜叶70克，洋葱60克，蒜瓣少许

调料 韩式辣酱40克，生抽5毫升，盐2克，鸡粉2克，食用油适量

做法

1. 处理好的洋葱切小块；洗净的白菜叶切小块。

2. 热锅注油烧热，倒入蒜瓣，爆香。

3. 倒入洋葱、韩式辣酱，快速翻炒匀。

4. 倒入白菜叶，炒软，加入生抽、清水，翻炒匀。

5. 倒入圆面，翻炒片刻，加入盐、鸡粉，炒至入味。

6. 关火后，将炒好的面盛出，装入盘中即可。

制作指导 蒜瓣油爆的时间可以久点，味道会更香浓。

营养功效 白菜叶含有膳食纤维、蛋白质、胡萝卜素、维生素B_1、维生素C等营养成分，具有健脾止泻、防癌抗癌等功效。

蛋炒方便面

材料 方便面160克，绿豆芽40克，包菜、胡萝卜65各克，蛋液、葱段、姜末各少许

调料 盐2克，鸡粉2克，蚝油8克，生抽5毫升，老抽2毫升，食用油适量

做法

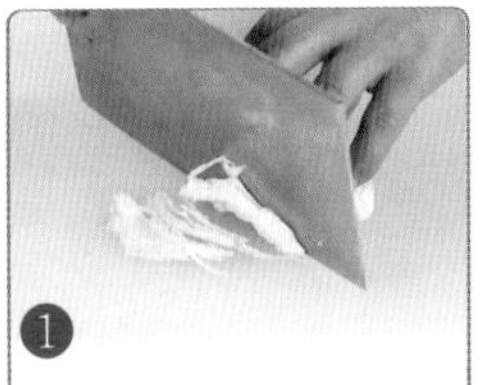

①洗净去皮的胡萝卜切片，切成丝；洗净的包菜切成丝。

②锅中注入清水大火烧开，倒入方便面块，煮松散，捞出。

③热锅注油烧热，倒入蛋液，翻炒松散，盛出装碗即可。

④锅底留油，倒入姜末、胡萝卜、包菜丝、方便面、绿豆芽炒匀。

⑤加入生抽、老抽、蚝油、鸡蛋、盐、鸡粉，炒至入味。

⑥倒入葱段，翻炒出葱香味，盛出装盘即可。

制作指导 方便面不要煮太久，否则口感不好。

营养功效 包菜含有蛋白质、膳食纤维、维生素A、维生素C及胡萝卜素等营养成分，具有健脾开胃、增强免疫力等功效。

Part 4

回味无穷的饼

饼，是饼类食品的泛称，也是人们最喜爱的主食之一。按照不同的制作工艺、流派、制作风格，可分为：翻身饼类、家常饼类、宫廷饼类、婚宴饼类、蒸饼类、烤饼类、烙饼类、奶料类饼以及其他食材类饼。

萝卜丝饼

材料 白萝卜130克，腊肠40克，鸡蛋1个，面粉适量，葱花少许

调料 盐4克，鸡粉2克，食用油适量

做法

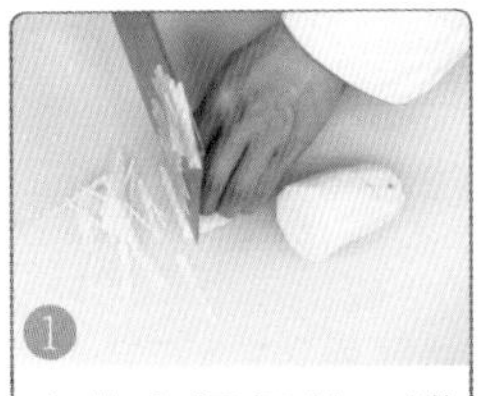

① 白萝卜切细丝；腊肠切丁。鸡蛋打入碗中，搅拌均匀。

② 沸水锅中加入盐，将白萝卜焯煮，捞出，沥干水分。

③ 用油起锅，放入腊肠，炒至出油，盛出。

④ 白萝卜中依次放入其余食材、盐、鸡粉，拌匀呈糊状。

⑤ 锅中注油烧热，放入面糊，小火煎至成形，两面熟透。

⑥ 关火后盛出煎好的面饼，切成小块即可。

制作指导 面饼要摊得薄而均匀，以免外煳内生。

营养功效 萝卜具有防癌作用。一方面，萝卜含有木质素，能提高巨噬细胞的活力，吞噬癌细胞；另一方面萝卜所含的多种酶，能分解致癌的亚硝酸胺。

土豆胡萝卜菠菜饼

材料 菠菜65克，胡萝卜70克，土豆50克，菠萝65克，鸡蛋2个，面粉150克

调料 盐3克，鸡粉2克，芝麻油2毫升，食用油适量

做法

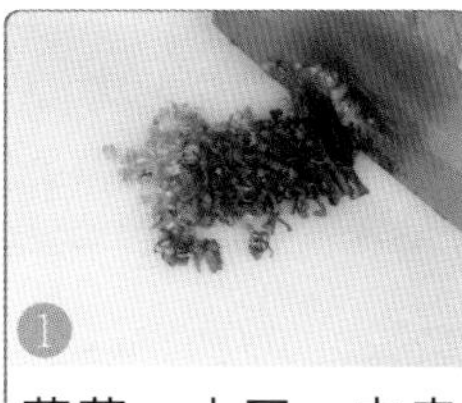

1. 菠菜、土豆、去皮的胡萝卜均用刀切成粒。

2. 沸水锅中加盐、土豆、胡萝卜、菠菜粒，煮沸捞出待用。

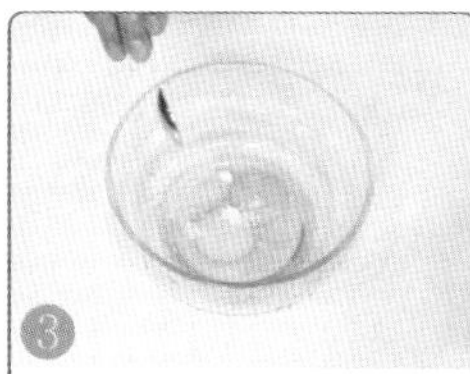

3. 鸡蛋打入碗中，加入少许盐、鸡粉。

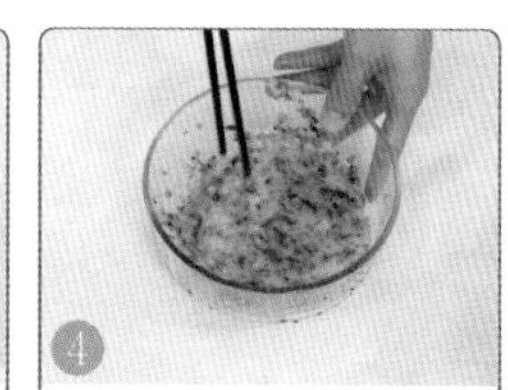

4. 放入焯过水的食材，搅拌均匀，倒入面粉，拌匀。

5. 淋入芝麻油，拌匀，制成面糊。

6. 热油锅中倒入面糊，摊成饼状，煎成形至散出香味。

7. 将面饼翻面，煎至两面呈焦黄色，取出煎好的蛋饼。

8. 将蛋饼切成扇形块，装入盘中即可。

三丝面饼

材料 西葫芦65克，鸡蛋2个，胡萝卜40克，鲜香菇20克，面粉90克，葱花少许

调料 盐2克，食用油适量

做法 ①香菇切片；胡萝卜、西葫芦切丝。②鸡蛋打入碗中调匀。③沸水锅中放入胡萝卜、香菇、西葫芦，煮熟后沥水待用。④面粉中加盐、蛋液，搅匀。⑤放入焯过水的食材，加入葱花，拌匀。⑥热油锅中倒入蔬菜面糊，煎至两面焦黄。⑦关火，把面饼改切成小方块。⑧把切好的面饼装入盘中即可。

制作指导 西葫芦脆嫩爽口，很容易煮熟，因而焯煮时不宜煮得过烂，以免营养成分损失。

菠菜月牙饼

材料 菠菜120克，鸡蛋2个，面粉90克，虾皮30克，葱花少许

调料 芝麻油3毫升，盐、食用油各适量

做法 ①菠菜切成粒。②鸡蛋打入碗中，搅散调匀。③沸水锅中放入菠菜、油、虾皮，煮沸后沥水捞出。④将菠菜和虾皮倒入蛋液中，加入盐、葱花、面粉、芝麻油，拌匀。⑤煎锅中倒入食用油烧热，放入混合好的蛋液，用小火煎至蛋饼成形，呈金黄色。⑥取出煎好的蛋饼，切成扇形，装入盘中即可。

制作指导 煎蛋饼时宜用小火，否则很容易外面煎煳，而里面却没有熟。

西葫芦玉米饼

材料 西葫芦100克，玉米粉100克，面粉200克，白芝麻15克

调料 盐4克，鸡粉2克，食用油适量

做法 ①西葫芦切成粒。②沸水锅中放入盐、油、西葫芦，煮至八成熟，沥水捞出。③西葫芦中倒入玉米粉、盐、鸡粉、面粉、水、油，拌匀呈面糊。④煎油锅中倒入面糊，摊成饼状。⑤煎至成形时撒上白芝麻，翻面煎成金黄色，再撒上白芝麻，略煎片刻。⑥把煎好的饼盛出，装入盘中即可。

制作指导 西葫芦中加入玉米粉时，最好一边加一边拌匀，这样才比较均匀。

韭菜豆渣饼

材料 鸡蛋120克，韭菜100克，豆渣90克，玉米粉55克

调料 盐3克，食用油适量

做法 ①韭菜切成粒。②油锅中倒入韭菜，炒至断生，放入豆渣、盐，炒匀调味，盛出备用。③鸡蛋打入碗中，加入炒好的食材、玉米粉，调匀，制成豆渣饼面糊。④热油锅中倒入面糊，中火煎成豆渣饼。⑤再转小火煎约2分钟，至两面熟透、呈金黄色。⑥关火后盛出煎好的豆渣饼，分成小块，摆好盘即成。

制作指导 调制豆渣饼面糊时，可以加入少许清水，能使其更有黏性，成品的口感更好。

西葫芦夹心饼

材料 西葫芦180克，胡萝卜150克，火腿100克，鸡蛋1个，炸粉90克，沙拉酱80克

调料 盐3克，生粉、食用油各适量

做法

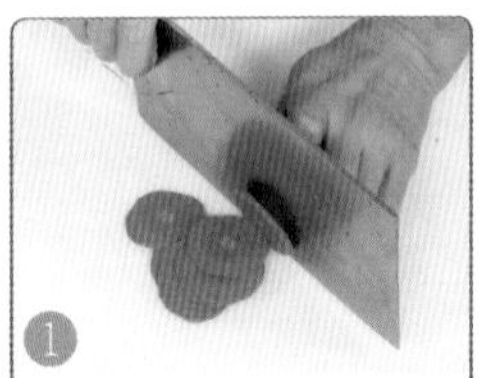

1 火腿切片后用模具压成花边状；胡萝卜、西葫芦均切片。

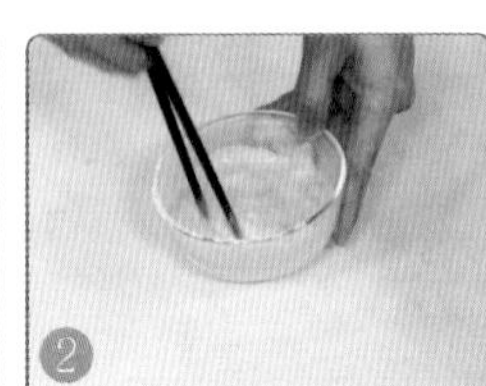

2 鸡蛋取蛋黄，待用。炸粉中加水、蛋黄，调成面糊。

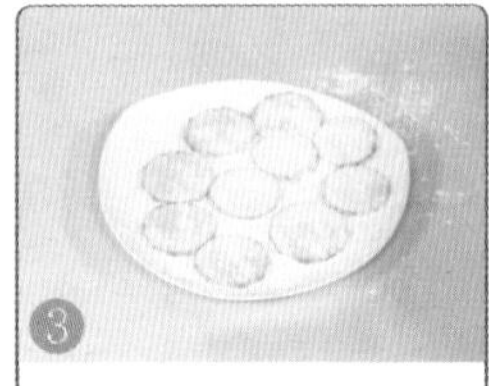

3 取一个盘子，撒上生粉，放上西葫芦片，再撒上生粉。

4 将胡萝卜焯煮好；火腿片煎好；西葫芦片裹上面糊煎好盛出。

5 在西葫芦片、火腿片、胡萝卜片中均相间抹上沙拉酱。

6 再盖上西葫芦片即可。

制作指导 制作西葫芦夹心饼时，沙拉酱要抹匀，这样食用时口感会更好。

营养功效 西葫芦富含水分，有润泽肌肤的作用。常食西葫芦能改善肤色，补充肌肤所缺养分。

南瓜坚果饼

材料　南瓜片55克，蛋黄少许，核桃粉70克，黑芝麻10克，软饭200克，面粉80克

调料　食用油适量

做法

1 将南瓜放入蒸锅，中火蒸至其熟软，取出晾凉备用。

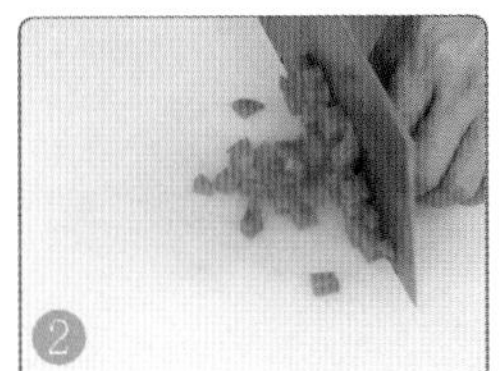

2 将放凉的南瓜改切成细条，再切成小丁块。

3 软饭中放入南瓜丁等其他食材搅拌匀，即成面粉饭团。

4 热油锅中倒入饭团，小火煎至其呈焦黄色，熟透即可。

5 关火后盛出煎好的南瓜饼，放在盘中，晾凉。

6 切分成小块，摆好即可。

制作指导　放入面粉拌匀时，可以淋入少许清水，能使拌好的饭团更有韧劲，煎的时候也更方便。

营养功效　常食核桃粉能滋养脑细胞，增强脑功能。婴幼儿食用核桃粉，不仅能增长智力，还有补钙的作用。

苋菜饼

材料 面粉400克，鸡蛋120克，苋菜90克，葱花少许

调料 盐3克，芝麻油、食用油各适量

做法

1 沸水锅中放入苋菜，煮至其断生后沥水捞出，晾凉。

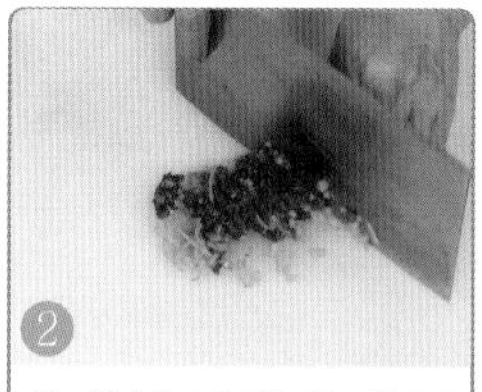

2 将放凉后的苋菜切成粒，待用。

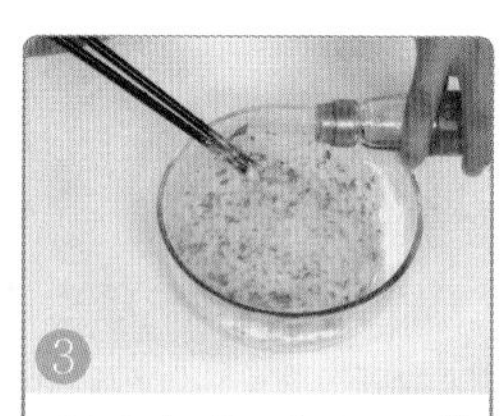

3 鸡蛋打入碗中，放入其余食材和调料，制成苋菜面糊。

4 锅中注油烧至四成热，倒入苋菜面糊，摊开。

5 用小火煎至呈饼状，翻面再煎至其两面熟透呈金黄色。

6 关火后盛出煎好的苋菜饼，切分成小块，摆好盘即成。

制作指导 苋菜最好切得碎一些，这样煎好的苋菜饼口感才好。

营养功效 苋菜有清热解毒、消肿止痛的作用。此外，苋菜还含有较多的钾，能促使血管壁扩张，阻止动脉管壁增厚，从而起到降血压的作用。

紫甘蓝萝卜丝饼

材料 紫甘蓝90克，白萝卜100克，鸡蛋1个，面粉120克，葱花少许

调料 盐3克，鸡粉2克，食用油适量

做法

白萝卜洗净切丝；洗好的紫甘蓝切丝，备用。

沸水锅中放入盐、切好的白萝卜、紫甘蓝，搅拌匀。

煮1分钟至八成熟，把煮好的紫甘蓝和白萝卜沥水捞出。

装入碗中，放入葱花，打入鸡蛋，放入适量盐、鸡粉，抓匀。

加入面粉，混合均匀，搅成糊状。

热油锅中放入面糊，摊成饼状，煎出焦香味。

翻面，煎成焦黄色，把煎好的饼取出。

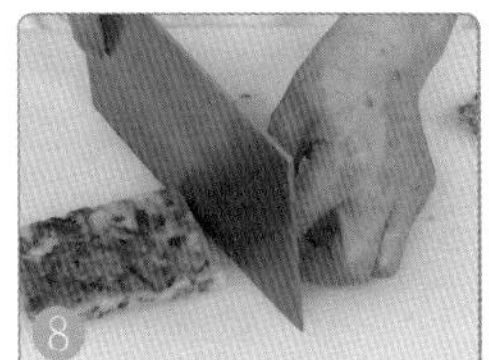

用刀切成小块，把切好的煎饼装入盘中即可。

玉米饼

材料 鲜玉米粒50克，草鱼肉末200克，马蹄肉100克，鸡蛋1个，姜丝、香菜各少许

调料 盐5克，味精2克，生粉少许

做法 ①马蹄、香菜、姜丝均切末。②将玉米粒过水焯好捞出。③取一半马蹄末挤干水分，待用。④草鱼肉末加调料、备好的食材拌匀。⑤剩余的马蹄末中加入蛋黄液拌匀，加入生粉、香菜末，再将肉末塞入模具中制成饼。⑥油锅中放入饼，煎至呈金黄色。⑦盛出装盘即可。

制作指导 煎玉米饼时，一定要小火慢煎，直至其两面金黄。出锅前再在其上撒一层绵白糖会更美味。

奶香玉米饼

材料 鸡蛋1个，牛奶100毫升，玉米粉150克，面粉120克，泡打粉、酵母各少许

调料 白糖、食用油各适量

做法 ①玉米粉、面粉中再倒入泡打粉、酵母、白糖，拌匀。②打入鸡蛋、牛奶，拌匀，分次加水，使材料混匀呈糊状，饧发30分钟。③发酵好的面糊中注入油，拌匀备用。④热油锅转小火后将面糊做的小圆饼放入其中。⑤转中火煎出香味，翻面用小火煎至两面熟透。⑥关火后将饼盛出，装入盘中即可。

制作指导 煎玉米饼时火候不要太大，以免煎煳。

苦菊玉米饼

材料 玉米粉100克，葱花少许，肉末90克，苦菊80克，鸡蛋50克，香菇30克

调料 盐3克，鸡粉2克，料酒、生抽各3毫升，食用油适量

做法 ①苦菊切末；香菇切丁。②将鸡蛋打入碗中，调成蛋液。③油锅中放入肉末、香菇丁、苦菊末、料酒、生抽，炒匀盛出，装盘即成馅料。④馅料中放入蛋液、玉米粉、葱花、盐、鸡粉，拌成面糊。⑤油锅中倒入面糊，小火煎至呈金黄色。⑥盛出切块，装盘即可。

制作指导 在调匀的面糊表面淋入少许食用油，静置一会儿，这样煎饼时会更容易成形

香煎莲藕饼

材料 莲藕250克，猪肉100克，鸡蛋1个，姜末、葱花各少许

调料 盐、鸡粉各2克，生粉10克，食用油适量

做法 ①莲藕、猪肉剁成末。②鸡蛋打入碗中，搅匀。③将莲藕末拧干水分，再倒入碗中。④碗中倒入其余食材和调料，拌匀制成馅料。⑤油锅烧至三成热。⑥取模具，将馅料压制成饼状，放入锅中煎至成形。⑦翻面后再将其煎至两面呈金黄色。⑧盛出装盘即可。

制作指导 模具可选用专门的制饼模型，也可以用干净的罐头瓶盖来代替。

葱油饼

材料 低筋粉、泡打粉、水、细砂糖、猪油、酵母、葱油、蒜蓉、火腿粒、黄奶油各适量

调料 盐适量，南乳一块，鸡粉适量

做法

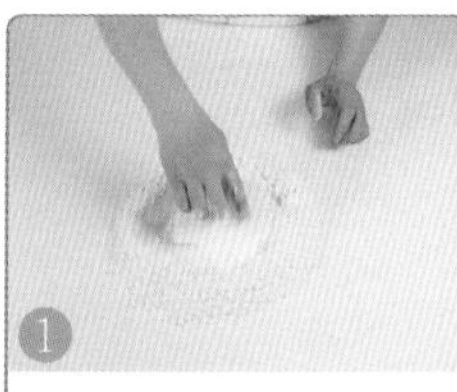

低筋粉倒在操作台上，开窝后倒入泡打粉，拌匀开窝。

将细砂糖、酵母倒水中。

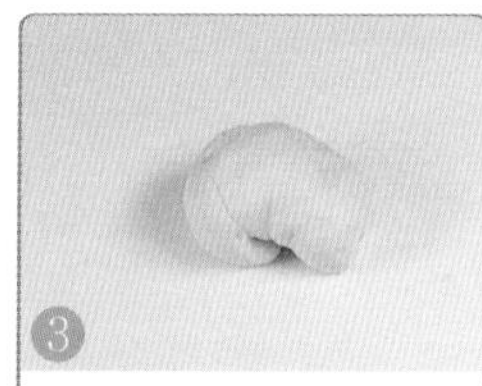

混合水分三次加入面粉中，揉匀撕开，放猪油揉成形。

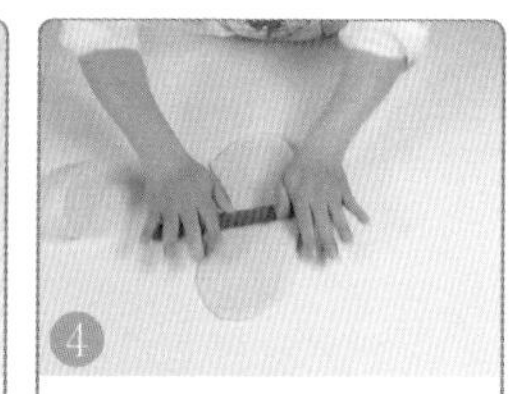

将面分成两团，擀平。

将盐、鸡粉倒入南乳碗中，蒜蓉倒在火腿碗中，拌匀。

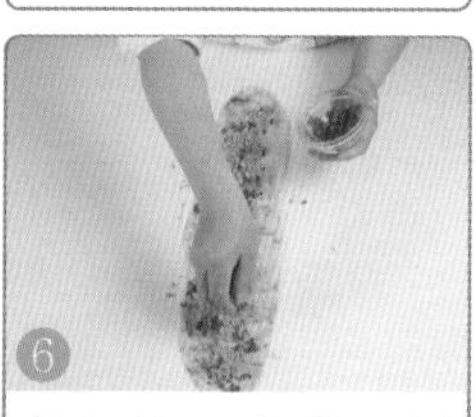

黄奶油、南乳、倒在面皮上抹匀，撒火腿蒜蓉、葱花。

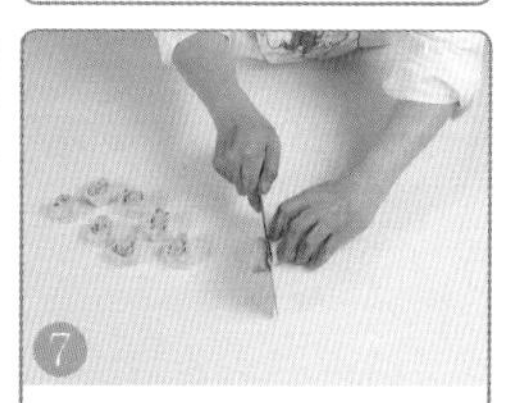

将面皮从上至下卷成长形，切段，擀平后发酵40分钟。

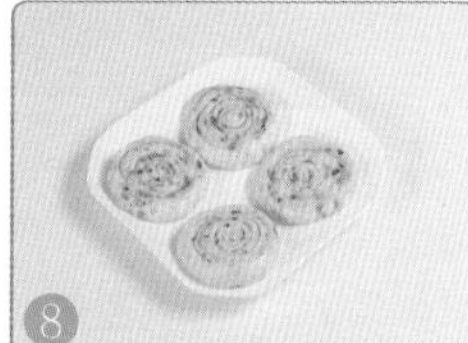

将葱油饼放入蒸锅中，大火蒸4分钟，取出装盘。

葱油薄饼

材料 低筋粉150克，葱花少许，黄奶油15克，水55毫升，细砂糖35克，泡打粉2克

做法

1 将低筋粉倒入操作台上，开窝。

2 往窝中倒入细砂糖，沿着两边低筋粉倒入泡打粉。

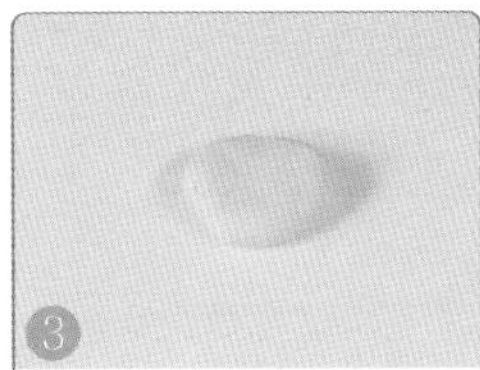

3 再加入热奶油、水，按压并揉搓成团。

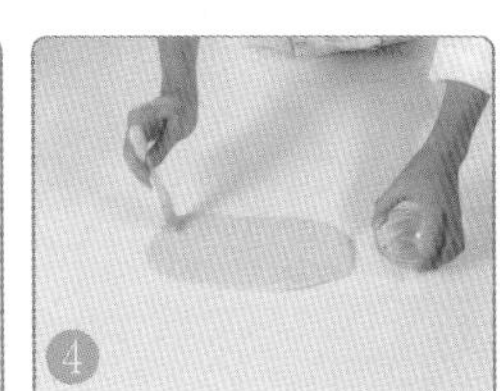

4 用擀面杖擀成面皮，刷一层食用油。

5 撒葱花，并抹匀卷起，粘紧成葱花卷，切7等份小剂子。

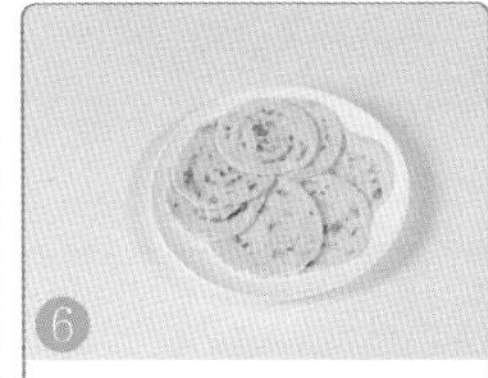

6 砧板上撒低筋粉，小剂子压扁搓薄，成葱油饼生坯。

7 锅中注油烧热，葱油薄饼生坯炸2分钟至表面呈金黄色。

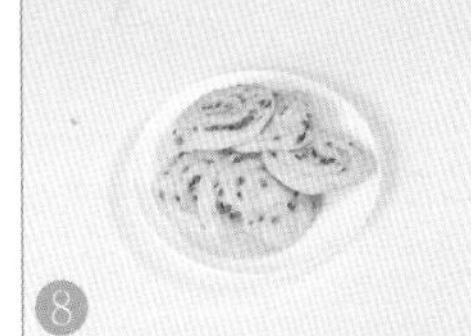

8 用筷子夹起葱油薄饼，滤油渍，再装入盘中即可。

芝麻饼

材料　熟芝麻100克，莲蓉150克，澄面100克，糯米粉500克，猪油150克，白糖175克

调料　食用油适量

做法

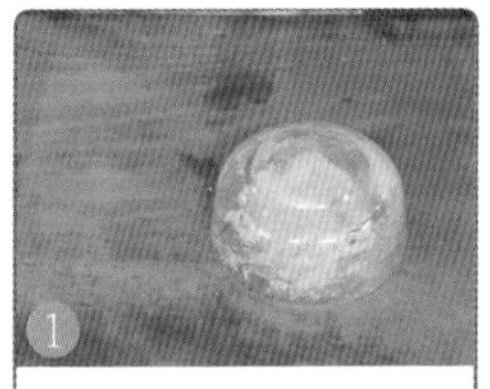

1 澄面中注水拌匀，再倒扣案板上，静置后揉搓成面团。

2 糯米粉开窝后加入白糖、水、面团、猪油，揉搓成小剂子。

3 面皮中加入莲蓉馅，搓成球状，滚上芝麻，压成生坯。

4 刷好油的蒸盘中摆好生坯，大火蒸至食材熟透。

5 取出芝麻饼，晾凉。热油锅中将其用小火煎至呈金黄色。

6 关火后盛出煎好的食材，装在盘中，摆好即成。

制作指导　芝麻饼的厚度要均匀，这样煎熟的成品口感才好。

营养功效　芝麻可去除附着在血管壁上的胆固醇，对降低胆固醇有一定的作用，很适合身体虚弱、贫血、高血脂、高血压等患者食用。

瓜子仁脆饼

材料 蛋清80克，砂糖50克，低筋面粉40克，奶粉10克，瓜子仁100克，奶油25克

做法

1 将蛋清和砂糖混合搅拌至砂糖完全溶化。

2 加入过好筛的低筋面粉、奶粉和瓜子仁，搅拌均匀。

3 分次加入溶化后的奶油，拌匀备用。

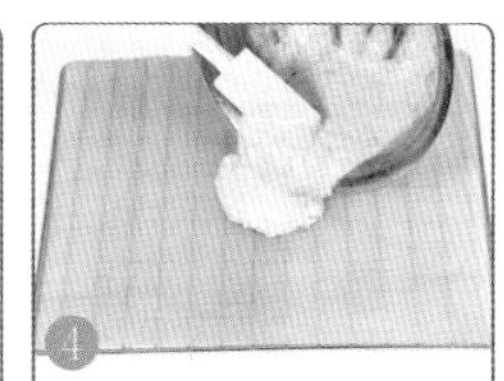

4 在台面铺一张高温布，将拌好的面糊倒在高温布的表面。

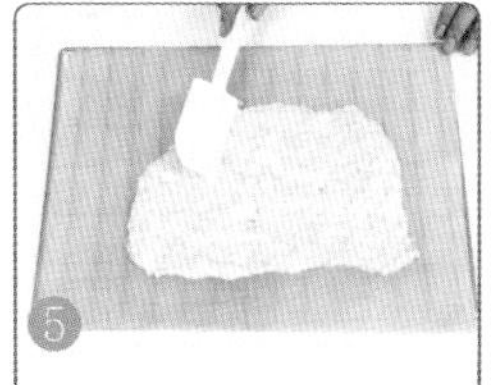

5 用胶刮抹平、摊薄，再移到钢丝网上。

6 将钢丝网移入烤箱中，以150℃的炉温烘烤15分钟。

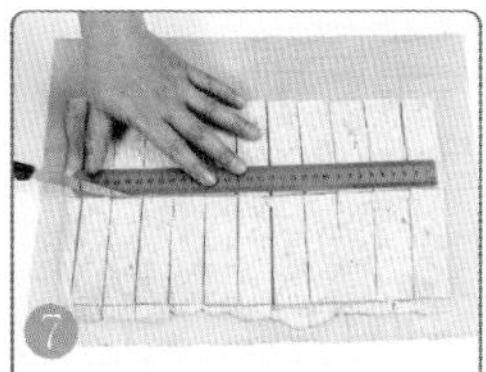

7 取出饼坯，倒在工作台上，切成长方形。

8 再次放入烤箱，烘烤8分钟，直到呈金黄色即可出炉，冷却。

花生脆饼

材料 奶油63克，糖粉45克，全蛋45克，鲜奶20克，低筋面粉80克，奶粉15克，奶香粉1克，花生碎适量

调料 食盐少许

做法 ①将奶油、糖粉、食盐混合，拌匀至其呈奶白色。②分次倒入全蛋、鲜奶，拌匀。③倒入低筋面粉、奶粉、奶香粉，拌匀。④面糊装入有圆嘴的裱花袋内，挤在烤盘内，在表面撒上花生碎。⑤将烤盘放入烤箱，以160℃的温度烘烤。⑥烘烤25分钟直到呈金黄色即可。

制作指导 在烤盘上可以刷一层食用油，这样烤好的脆饼更容易取出。

十字饼

材料 奶油50克，砂糖100克，泡打粉6克，溴粉2克，全蛋50克，鲜奶30克，低筋面粉150克，吉士粉10克

做法 ①将奶油、砂糖混合，再分次放入全蛋、鲜奶，拌匀。②倒入泡打粉、溴粉、低筋面粉、吉士粉拌匀，然后反复堆叠至面团纯滑。③将面团静置30分钟，搓成条，切成小面团。④再将其压扁，划出"十"字形。⑤放入预热好的150℃烤箱，烘烤30分钟至呈金黄色即可。

制作指导 溴粉是一种白色粉状结晶，有吸湿性，易溶于水。揉面团的过程中加入少许溴粉，会使面团更加松软。

山药饼

材料 山药120克，山楂15克

调料 白糖6克，食用油少许

做法 ①山药切成丁；山楂剁碎。②再将山药丁、山楂末放入蒸锅。③盖上盖，中火蒸至食材熟透，揭盖，取出晾凉待用。④将蒸好的山药、山楂、白糖倒入榨汁机，通电后选择“搅拌”功能，搅成泥状，断电后取出。⑤取一个小碟子，抹上油，再倒入拌好的食材，压平，铺匀，放入盘中。制成饼状。⑥依此做完余下的食材，摆好盘即可。

制作指导 制作山药饼时，可以选用样式新颖的模具。这样对提高幼儿的食欲有一定的帮助。

胡萝卜鸡肉饼

材料 鸡胸肉70克，胡萝卜30克，面粉100克

调料 盐2克，鸡粉、食用油各适量

做法 ①鸡胸肉切成泥；胡萝卜切成粒。②沸水锅中加盐，倒入胡萝卜焯煮好后沥水捞出。③肉泥碗中放入胡萝卜。④加入盐、鸡粉、温水，拌匀。⑤倒入面粉、油，拌匀呈面糊状。⑥热锅注油，倒入面糊，小火煎成型，翻转面饼，用中小火煎两面熟透。⑦关火后盛入盘中，食用时分切成小块即可。

制作指导 搅拌蛋肉泥的时候，一定要加温水，不然制作出的胡萝卜鸡肉饼会很老，口感不好。

薯香蛋饼

材料 土豆50克，火腿60克，鸡蛋1个，葱花少许

调料 盐2克，生粉15克，食用油适量

做法 ①土豆、火腿均切成粒。②鸡蛋打入碗中，打散调匀。③油锅中倒入土豆粒，加盐炒匀。④加火腿粒，炒匀后盛出。⑤倒入蛋液，放入葱花、生粉，拌匀。⑥油锅中倒入蛋液，小火煎成形，翻面后煎至焦黄色。⑦关火，把煎好的蛋饼取出，用刀切成小块。⑧将切好的蛋饼装入盘中即可。

制作指导 土豆切好后若不立即使用，应放入水中，并加白醋，可使其不变色，但浸泡时间不能过长。

西芹马蹄鸡蛋饼

材料 西芹80克，鸡蛋2个，面粉70克，马蹄40克

调料 盐3克，胡椒粉、食用油各适量

做法 ①马蹄、西芹均切成粒。②鸡蛋打入碗中，倒入马蹄、西芹、百合，放入面粉，加入适量盐、胡椒粉，搅拌匀。③煎锅注油烧热，倒入鸡蛋面糊，用小火煎至成形。④改用大火，煎出焦香味，将饼翻面，煎至金黄色。⑤把煎好的鸡蛋饼取出，将鸡蛋饼切成扇形块。⑥把切好的鸡蛋饼装入盘中即可。

制作指导 面粉可以分次加，不宜加太多，否则饼太干，不易煎成形。

海藻鸡蛋饼

材料 海藻90克，面粉80克，洋葱70克，鸡蛋1个

调料 盐2克，鸡粉2克，芝麻油2毫升，食用油适量

做法 ①洋葱切粒；海藻切碎。②沸水锅中放入海藻，煮好后沥水捞出。③海藻中依次放入洋葱粒、鸡蛋、鸡粉、盐、芝麻油、面粉、清水，搅匀成面糊。④热油锅中倒入蛋糊，摊成饼，煎至成形，呈焦黄色。⑤将蛋饼取出，切成块。⑥将切好的蛋饼装入盘中即可。

制作指导 煎制蛋饼时要不时晃动煎锅，使蛋饼均匀受热。

葛根玉米鸡蛋饼

材料 鸡蛋120克，鲜玉米粒70克，葛根粉50克，葱花少许

调料 鸡粉2克，盐3克，食用油适量

做法 ①葛根粉装入碗中，放入水、鸡蛋，拌匀。②沸水锅中放入玉米粒、盐，焯煮至其断生，捞出装盘。③把玉米粒倒入装有鸡蛋的碗中，加入葛粉、盐、葱花，制成蛋液。④油锅中倒入蛋液，炒拌后呈鸡蛋糊。⑤油锅中倒入拌好的鸡蛋糊，煎至成饼状，两面熟透。⑥关火后盛出蛋饼，切成小块即可。

制作指导 翻转蛋饼的动作要轻，以免将蛋饼弄破。

菠菜胡萝卜蛋饼

材料 菠菜80克，胡萝卜100克，鸡蛋2个，面粉90克，葱花少许

调料 盐3克，食用油适量

做法

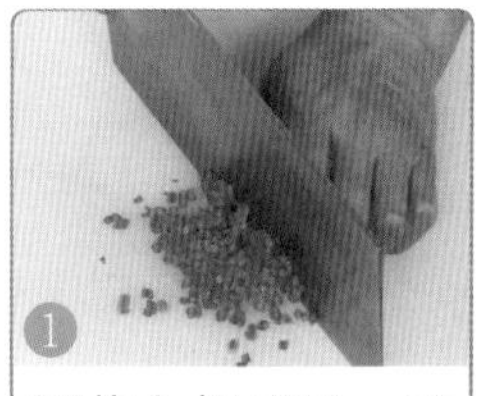

1 胡萝卜切成片，改切成丝，再切成粒；菠菜切成粒。

2 沸水锅中加调料，倒入切好的食材，断生后捞出沥水备用。

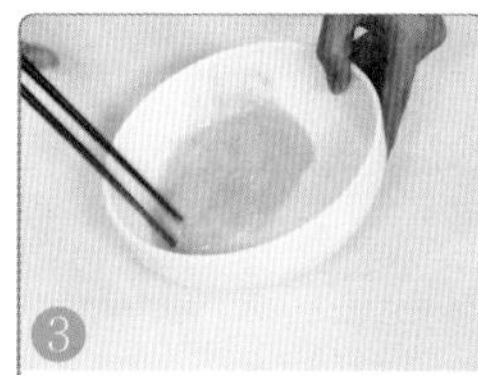

3 鸡蛋打入碗中，放入少许盐，打散、调匀。

4 蛋液中加入胡萝卜、菠菜、葱花、面粉，调匀即可。

5 热油锅中倒入混合好的蛋液，摊成饼状。

6 用小火煎至蛋饼成形且出焦香味，翻面后，煎至金黄色。

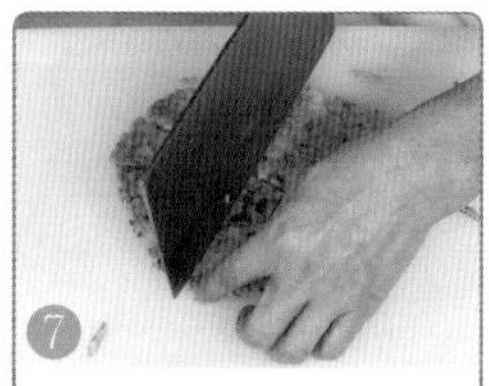

7 把煎好的蛋饼盛入盘中，晾凉后将蛋饼切成块。

8 把切好的蛋饼装入盘中即可。

香蕉鸡蛋饼

材料 香蕉1根，鸡蛋2个，面粉80克

调料 白糖适量

做法

将鸡蛋打入碗中。

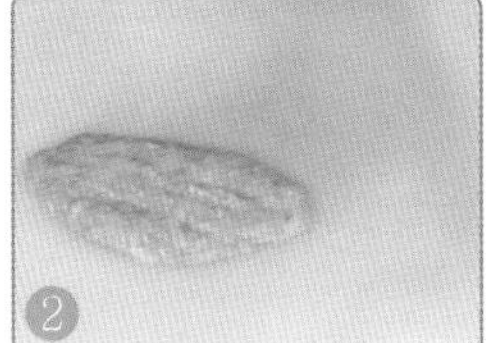

香蕉去皮，把香蕉肉压烂，剁成泥。

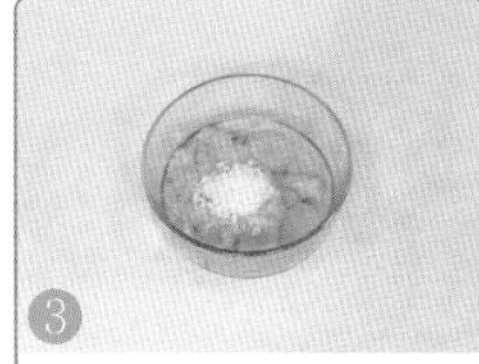

把香蕉泥放入鸡蛋中，加入白糖，用筷子打散，调匀。

再加入适量面粉，搅拌均匀，制成香蕉蛋糊。

热油锅中倒入蛋糊，慢火煎成形，翻面后将其煎熟。

把煎好的香蕉蛋饼盛出，用刀切成数块，装入盘中即可。

制作指导 拌制香蕉蛋糊时，面粉不要放太多，以免成品口感过硬。

营养功效 香蕉含有丰富的维生素和矿物质，能改善免疫系统的功能，增强身体抵抗力。香蕉与鸡蛋同食，有助于睡眠，保护胃黏膜，补充能量，润肠道。

葱花鸡蛋饼

材料 鸡蛋2个，葱花少许

调料 盐3克，水淀粉10毫升，鸡粉、芝麻油、胡椒粉、食用油各适量

做法

1 鸡蛋打入碗中，加入所有的食材和调料，用筷子拌匀。

2 热油锅中倒入部分蛋液，炒至七成熟，盛出装碗。

3 往装有七成熟蛋液的碗中放入剩余的蛋液，用筷子拌匀。

4 锅中注油，倒入蛋液，小火煎制，中途晃动炒锅以免煎煳。

5 煎约2分钟至有焦香味时翻面，继续煎1分钟至金黄色。

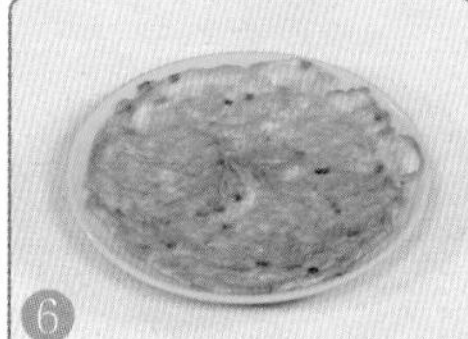

6 盛出装盘即可。

制作指导 搅打蛋液时，顺着一个方向搅打，可使鸡蛋更加鲜嫩。

营养功效 鸡蛋具有清热、解毒、消炎、保护黏膜的作用，是小儿、老人、产妇以及贫血患者、手术后恢复期病人的良好补品。

小米香豆蛋饼

材料 面粉150克，鸡蛋2个，水发小米50克，水发黄豆100克，四季豆70克，泡打粉2克

调料 盐3克，食用油适量

做法

1. 四季豆洗净切碎；黄豆洗净切细末。

2. 沸水锅中放入盐、四季豆、油，煮好后将其沥水出。

3. 碗中依次放入所有食材，搅拌成糊。发酵好后加油拌匀。

4. 煎锅中注油，倒入拌好的面糊，煎至面糊呈饼状。

5. 转动煎锅，煎至出香味，翻面后煎至两面呈金黄色。

6. 关火后盛出煎好的蛋饼，食用时分成小块即可。

制作指导 静置面糊时也可以用保鲜膜封好，不仅能使面糊的水分不易蒸发，而且容易煎成形。

营养功效 黄豆中赖氨酸含量很高。此外，黄豆还含磷脂、胡萝卜素等成分，有促进大脑发育、增高助长的效果。

苦瓜胡萝卜蛋饼

材料 苦瓜100克，胡萝卜60克，鸡蛋2个，葱花少许

调料 盐3克，水淀粉、食用油适量

做法 ①胡萝卜切粒；苦瓜切丁。②沸水锅中放入胡萝卜、苦瓜、盐、食用油，煮好后沥水捞出。③将鸡蛋打入碗中，放入所有食材和调料，调匀制成蛋糊。④锅中注油烧至四成热，倒入部分蛋糊，煎至五成熟，盛出，与余下的蛋糊和匀。⑤热油锅中倒入蛋糊，煎至呈焦黄色。⑥关火后切块，装盘即可。

制作指导 苦瓜切好后，可用盐腌渍片刻，不仅能减轻苦味，还能保留其独有的风味。

芹菜叶蛋饼

材料 芹菜叶50克，鸡蛋2个

调料 盐2克，水淀粉、食用油各适量

做法 ①沸水锅中加油、芹菜叶，煮至断生后沥水捞出，晾凉备用。②芹菜叶切末。③鸡蛋打入碗中，加入调料、芹菜末，拌匀制成蛋液，备用。④烧热煎锅，注入适量食用油，烧至五成热。⑤倒入备好的蛋液，用中火煎一会儿，至蛋饼成形。⑥转小火，翻转蛋饼，再煎一会儿，至其熟透、呈焦黄色。⑦关火后盛出煎好的蛋饼，装入盘中即成。

制作指导 芹菜叶也可搅碎后倒入蛋液中拌匀，这样煎出的蛋饼色泽更鲜丽。

猕猴桃蛋饼

材料 猕猴桃50克，鸡蛋1个，牛奶50毫升

调料 白糖7克，生粉15克，水淀粉、食用油各适量

做法 ①猕猴桃切片。②容器中放入猕猴桃、牛奶，制成果汁。③鸡蛋打入碗中，加入调料拌匀，制成蛋糊。④热油锅中倒入蛋糊，小火煎出香味，翻面后再煎至两面熟透。⑤盛出鸡蛋饼，晾凉后倒入备好的水果汁，再卷起鸡蛋饼呈圆筒形。⑥切段，摆放在盘中即成。

制作指导 拌好的鸡蛋糊含有的水分不宜太多，以免将其煎散。

香煎土豆丝鸡蛋饼

材料 土豆120克，培根45克，鸡蛋液110克，面粉适量，葱花少许

调料 盐2克，鸡粉2克，食用油少许

做法 ①培根切成小方块。②土豆切成细丝。③沸水锅中加盐。④倒入土豆煮至软。⑤焯煮好后沥水捞出，装盘待用。⑥土豆中加入葱花、蛋液，拌匀。⑦加盐、鸡粉，拌匀。⑧加面粉、培根，拌匀呈蛋糊。⑨热油锅中倒入蛋糊中火煎至两面熟透。⑩关火后盛出煎好的蛋饼，装入盘中即可。

制作指导 蛋饼不宜摊得过厚，否则不易熟透。

爱心蔬菜蛋饼

材料 菠菜60克，土豆100克，南瓜80克，豌豆50克，鸡蛋2个，面粉适量

调料 盐2克，牛油、食用油各少许

做法

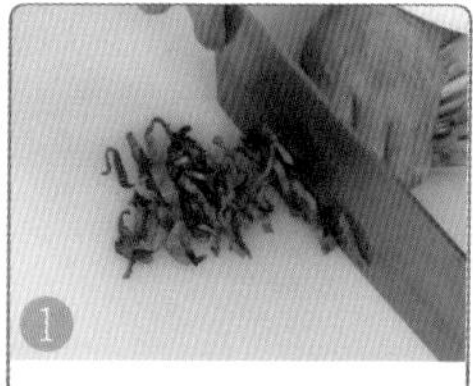

①菠菜切成末；南瓜切丝；土豆切成薄片，再改切成细丝。

②沸水锅中加盐、豌豆、油，拌匀后煮约半分钟。

③放入南瓜、土豆、菠菜，拌匀，煮至断生，沥水捞出备用。

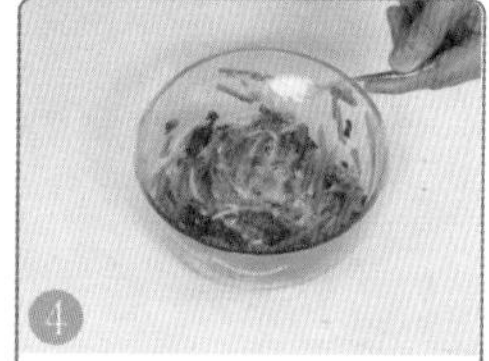

④焯过水的食材中打入鸡蛋，加入盐，拌匀。

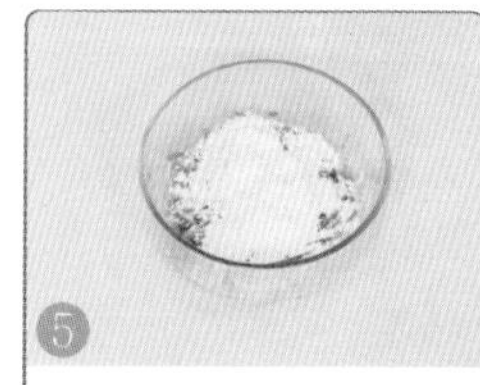

⑤撒上适量面粉，快速搅拌均匀至其呈面糊状。

⑥锅内注油烧至五成热，转小火，倒入面糊，煎呈饼状。

⑦转中火煎至成形，翻面后用小火煎约4分钟至两面熟透。

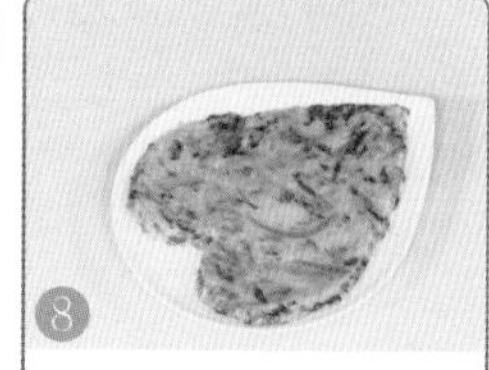

⑧关火后盛出蛋饼，放凉后修成“心”形，摆在盘中即可。

黄油煎火腿南乳饼

材料 低筋粉500克，泡打粉8克，酵母5克，蒜茸10克，南乳一块，火腿粒20克

调料 盐、鸡粉、黄奶油、葱花各适量，水200毫升，细砂糖100克，猪油5克

做法

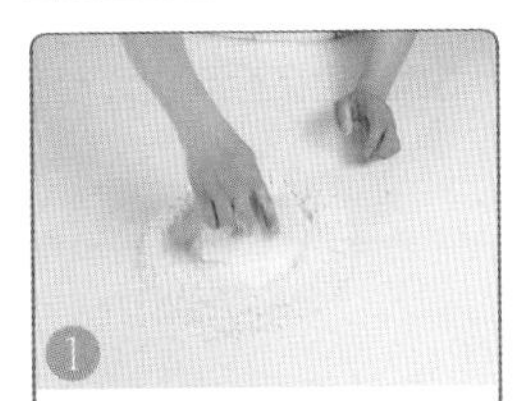

1. 将低筋粉倒在操作台上，开窝后倒入泡打粉，拌匀。

2. 细砂糖、酵母倒水中，分三次加入低筋粉中，揉匀撕开。

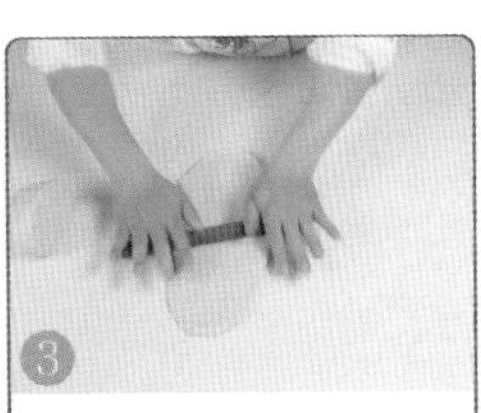

3. 加入猪油揉成形，面团分成两团，再用擀面杖将面擀平。

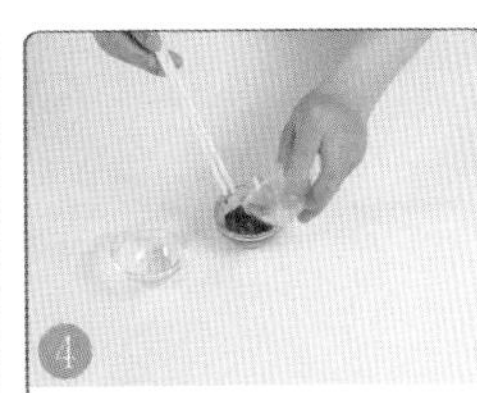

4. 将盐、鸡粉倒入南乳碗中，蒜蓉倒在火腿碗中，拌匀。

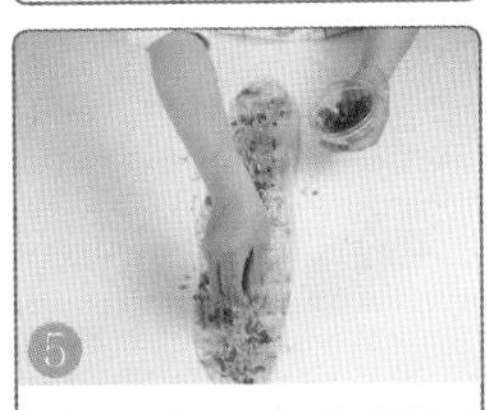

5. 黄奶油、南乳倒面皮上，抹匀，撒上火腿蒜蓉、葱花。

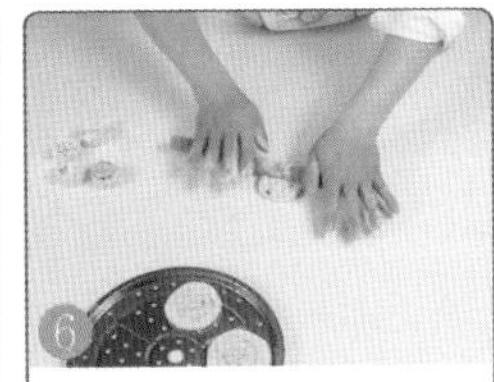

6. 将面皮从上至下卷成长形，切段，擀平后发酵40分钟。

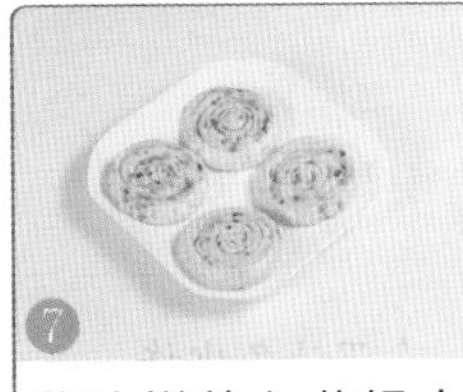

7. 葱油饼放入蒸锅大火蒸4分钟至熟，取出装盘。

8. 黄油溶化后，将饼两面煎至金黄，撒葱花，装盘即可。

煎生蚝鸡蛋饼

材料　韭菜120克，鸡蛋110克，生蚝肉100克

调料　盐、鸡粉各2克，料酒5毫升，水淀粉、食用油各适量

做法

1 韭菜切成粒。鸡蛋打入碗中，搅散拌匀，制成蛋液。

2 沸水锅中倒入生蚝肉、料酒，煮好后沥水捞出。

3 蛋液中加入生蚝肉、韭菜粒、其余调料，拌匀制成蛋糊。

4 油锅中倒入部分蛋糊，断生后放入余下蛋糊中，制成生坯。

5 锅底留油烧热，倒入蛋饼生坯，小火煎成蛋饼，两面熟透。

6 关火后盛出煎好的鸡蛋饼，分成小块，摆在盘中即成。

制作指导　炒至断生的蛋糊放入碗中后要搅拌均匀，这样煎熟的蛋饼形状才美观。

营养功效　韭菜中含有纤维素。儿童食用韭菜，可以促进肠道蠕动，提高食欲。

蛤蜊鸡蛋饼

材料 蛤蜊肉80克，鸡蛋2个，葱花少许

调料 盐2克，鸡粉2克，水淀粉5毫升，芝麻油2毫升，胡椒粉少许，食用油适量

做法

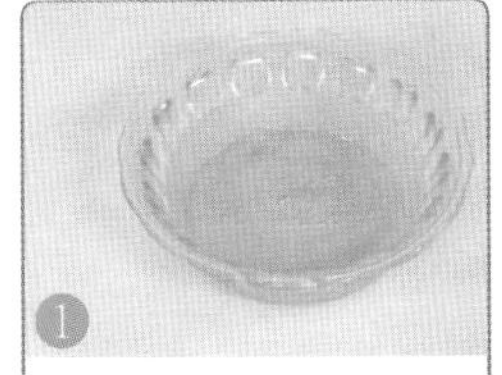

1 鸡蛋打入碗中，放入盐、鸡粉，打撒、调匀。

2 放入蛤蜊肉、葱花、胡椒粉、芝麻油、水淀粉，调匀。

3 热油锅中倒入部分蛋液，断生后放入原来的蛋液中，混匀。

4 煎锅注油，倒入混合好的蛋液，煎至成形，呈金黄色。

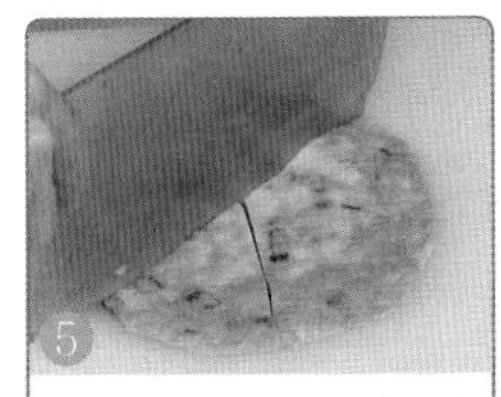

5 把蛋饼取出，切成扇形块。

6 把切好的蛋饼装入盘中即可。

制作指导 往煎锅倒鸡蛋液时动作要快，否则蛋饼不易成形，影响外观。

营养功效 蛤蜊肉中含有抑制胆固醇在肝脏合成和加速排泄胆固醇的物质，有助于降低体内胆固醇含量，有效地降低血压。

豆渣鸡蛋饼

材料 豆渣、鸡蛋各120克，葱花少许

调料 盐、鸡粉适量，食用油少许

做法 ①砂锅中放入油、豆渣，炒熟。②关火后盛出。③打入鸡蛋后加盐、鸡粉，拌匀。④倒入豆渣、葱花，拌匀成蛋液。⑤油锅中倒入部分蛋液，炒匀至呈蛋花。⑥盛出后装在有蛋液的碗中，拌匀。⑦热油锅中倒入拌匀的蛋液，小火煎至成形。⑧翻转蛋液，用小火煎至两面熟透。⑨关火后盛出蛋饼，食用时切成小块即可。

制作指导 炒鸡蛋时蛋液凝固很快，翻炒动作要迅速。

香肠煎蛋饼

材料 腊肠60克，鸡蛋3个，面粉糊30克，葱花少许

调料 盐2克，鸡粉2克，水淀粉10毫升，食用油适量

做法 ①腊肠切丁。②鸡蛋打入碗中，加入调料、面粉糊，搅匀。③热油锅中放入腊肠，炸出香味，捞出备用。④锅留底油，倒入部分蛋液，炒熟后盛入原蛋液中，拌匀。再倒入和好的蛋液，小火煎至成形。⑤放入其余食材煎熟盛出。⑥对半切开后装入盘中即成。

制作指导 煎鸡蛋时要在锅底放足油，油微热时蛋下锅，慢火煎熟，这样才能美观且不易粘锅。

鸡蛋豆腐饼

材料 豆腐200克，鸡蛋1个，西红柿35克，彩椒20克，葱花少许

调料 盐1克，鸡粉2克，芝麻油3毫升，面粉、食用油各适量

做法 ①彩椒切粒；西红柿切丁；豆腐捣成泥，待用。②打入鸡蛋后倒入其余备好食材和所有调料，拌匀至其呈糊状。③热油锅中倒入面糊，转小火，摊开铺匀，呈面饼状。④晃动煎锅，煎出焦香味，翻面后用小火煎约2分钟，至两面熟透。⑤起锅装盘，撒上葱花即可。

制作指导 宜用小火煎饼，不仅口感佳，成色也非常好。

鱼肉蛋饼

材料 草鱼肉90克，鸡蛋1个，葱末少许

调料 盐、番茄汁、水淀粉各少许，食用油适量

做法 ①鱼肉切片，装盘待用。②将鱼肉片放入烧开的蒸锅中，中火蒸熟取出。③把鱼肉压碎，剁成鱼肉末。④鸡蛋打入碗中，放入备好食材、盐、水淀粉，拌匀调味。⑤油锅中倒入蛋糊，小火煎成形，翻面煎至呈微黄色。⑥将煎好的鱼肉鸡蛋饼盛出装盘，再挤上少许番茄汁即可。

制作指导 煎蛋饼时要控制好火候，以免煎煳。

鸭蛋鱼饼

材料 鱼肉泥270克，鸭蛋1个，葱花少许

调料 盐3克，鸡粉2克，食用油少许

做法

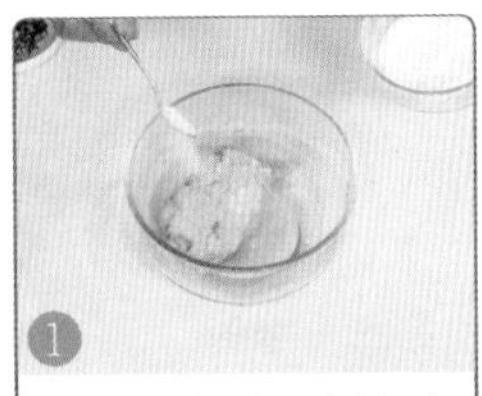

1. 取一个大碗，倒入鱼肉泥，加入少许盐、鸡粉，拌匀调味。

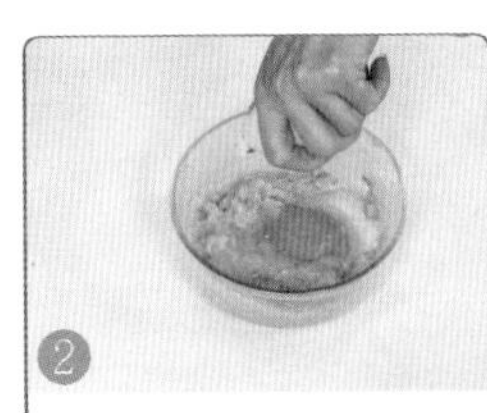

2. 打入鸭蛋，撒上葱花，搅拌匀，备用。

3. 煎锅置于旺火上，淋入适量食用油，烧至三成热。

4. 转小火，倒入拌好的鱼肉泥，晃动煎锅，煎至成形。

5. 翻转鱼饼，用小火煎至两面熟透。

6. 关火后盛出煎好的鱼肉饼，待稍凉后切块，装盘即可。

制作指导 鱼肉饼出锅前可淋上少许芝麻油，能使成品口感更佳。

营养功效 鸭蛋性味甘、凉，具有滋阴清肺的作用，有大补虚劳、滋阴养血、润肺美肤等功效，用于咳嗽、喉痛、齿痛。

奶味软饼

材料 鸡蛋1个，牛奶150毫升，面粉100克，黄豆粉80克

调料 盐少许，食用油适量

做法

1. 沸水锅中加入牛奶、盐、黄豆粉，拌匀，直至成为糊状。

2. 打入鸡蛋，搅散制成鸡蛋糊，盛出鸡蛋糊，装入碗中。

3. 面粉中入鸡蛋糊，拌匀制成面糊，注水后拌匀。

4. 热油锅中放入部分面糊，用木铲压平，煎片刻。

5. 再倒入剩余的面糊，煎香，翻面后煎至两面熟透。

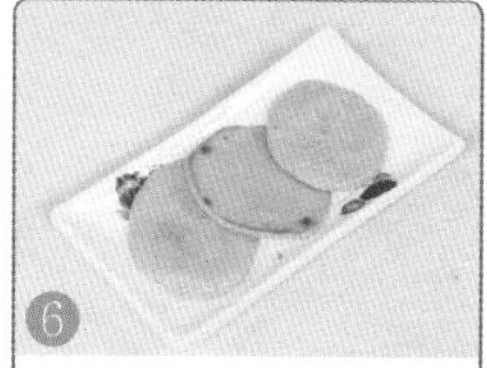

6. 关火，将煎好的软饼盛出，摆入盘中即成。

制作指导 煎制软饼时，待其成形后应用小火，以免软饼焦煳，导致口感过硬。

营养功效 鸡蛋中的铁含量尤其丰富，人体可吸收利用率达100%，是人体铁的良好来源，更是婴幼儿的良好补品。

肉泥洋葱饼

材料 瘦肉90克，洋葱40克，面粉120克

调料 盐2克，食用油适量

做法

① 取榨汁机，放入瘦肉，搅拌成泥，断电后盛出备用。

② 将去皮洗净的洋葱切成薄片，再切丝，改切成粒。

③ 把面粉倒入大碗中，加入适量清水，搅拌均匀。

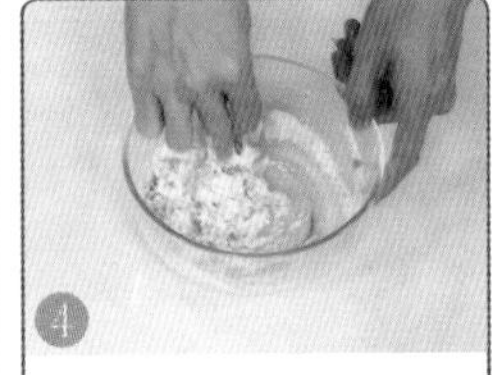

④ 倒入肉泥，顺一个方向，搅散，拌匀，至面团起劲。

⑤ 洋葱中撒入盐，搅拌至盐分溶于面团中，制成面糊，待用。

⑥ 热油锅中放入备好的面糊，用铲子铺匀，再压成饼状。

⑦ 用小火煎至面糊成形出味，翻面后再煎至其两面熟透。

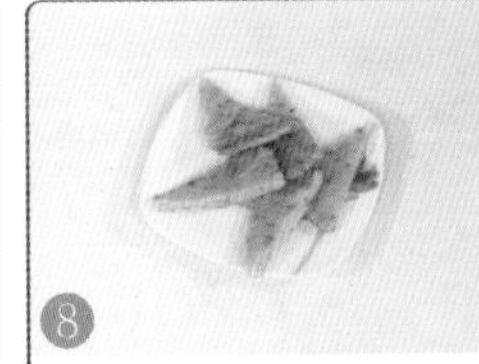

⑧ 关火后将面饼盛出，放在盘中晾凉，切块后摆好盘即可。

鲮鱼饼

材料 鲮鱼蓉、腊肠末各30克，水发虾米、水发橙皮末各10克，即用水饺皮8张

调料 盐2克，味精2克，色拉油20毫升，生粉5克，细砂糖2克，水10毫升

做法

鲮鱼蓉倒入碗中，加入盐、味精、细砂糖、水，拌匀。

加虾米、腊肠末、橙皮末、色拉油、生粉。

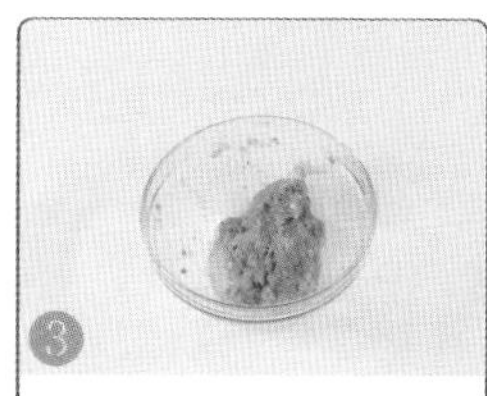

拌匀，成馅。馅放到饺子皮上，在周边沾水。

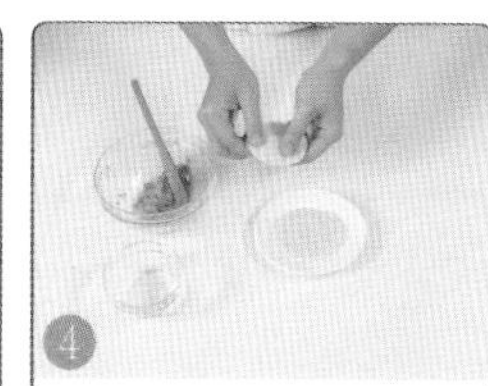

盖另一张饺子皮，捏紧。放入垫有油纸的蒸笼中。

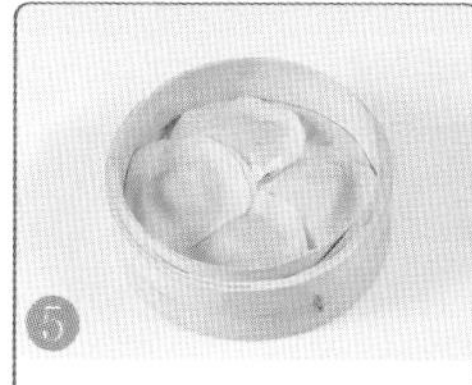

将蒸笼放入烧开水的蒸锅中，大火蒸3分钟至熟。

在烧热的煎锅中注入色拉油烧热。

将蒸好的鲮鱼饼放入锅中，小火煎至金黄。

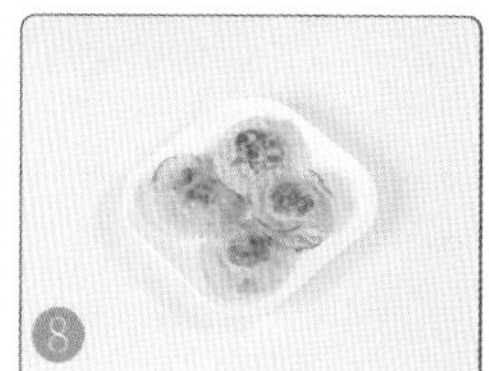

翻面，加入色拉油，煎至金黄之后盛出装盘即成。

清蒸鱼饼

材料 鱼肉泥300克，鸡蛋、姜末各适量

调料 盐3克，鸡粉2克，胡椒粉2克，食用油少许

做法 ①鸡蛋打开取蛋清倒入碗中，待用。②鱼肉泥装入碗中，撒上姜末、调料、蛋清，拌匀。③取一个蒸盘，抹上少许食用油，倒入拌好的鱼肉泥，摊开铺匀，制成鱼肉饼，待用。④蒸锅置于火上烧开，放入蒸盘，盖上盖，用中火蒸约15分钟至熟。⑤揭盖，取出蒸盘，待稍微放凉后即可食用。

制作指导 鱼肉蒸好之后，可趁热浇上适量番茄酱，能增添色泽与口感。

香煎虾饼

材料 虾仁200克，鸡蛋1个，葱花10克

调料 盐2克，鸡粉2克，胡椒粉、食用油各适量

做法 ①将虾仁挑去虾线，剁成泥。②把鸡蛋取蛋清倒入碗中。③虾肉泥装入碗中，加入调料和其余食材，拌匀制成虾胶。④将虾胶装入抹好油的碟中，压平制成生坯。⑤ 热油锅中放入虾饼生坯，转动炒锅，煎约1分钟至散发香味，将虾饼翻面，煎约1分钟至金黄色。⑥把煎好的虾饼盛出装盘即可。

制作指导 做虾胶除了使用新鲜虾仁外，蛋清一定要搅匀，两者缺一不可，否则会使虾饼弹性不足。

南乳饼

材料 细砂糖20克，莲蓉馅各30克，泡打粉7克，低筋粉125克，酵母4克，白芝麻适量

调料 南乳适量，猪油20克，水20毫升，色拉油适量

做法 ①低筋粉开窝后倒入细砂糖、酵母、泡打粉、南乳，加水后和面揉匀。②再加猪油，卷起擀平后做成面皮待用。③包入莲蓉馅，再粘上白芝麻压成饼，发酵1小时。④将发好酵的饼放入蒸锅中，大火蒸熟后取出。⑤热油锅中放入饼，小火煎至两面金黄，装盘即成。

制作指导 在用油锅煎南乳饼的时候，要勤翻面，以免出现煎煳的情况。

水晶饼

材料 咸蛋黄60克，去核车厘子8克，莲蓉50克，澄面、生粉各150克，水100毫升

做法 ①将咸蛋黄蒸熟后与去核车厘子一起切粒装碗。②将莲蓉搓成长条，切成小剂子；油纸入蒸笼。③将澄面和生粉倒入碗中，注水，拌匀成浆液，再倒热水调成糊状。④面糊倒在操作台，揉成团，切开，搓成长条，再分成小剂子并擀成水晶皮，依次包入咸蛋黄粒、去核车厘子粒、莲蓉，再用模具制成生坯。⑤把生坯入蒸笼大火蒸熟。⑥关火，开盖，取出蒸好的粉果即可。

制作指导 在和面过程中，尽量将面和得柔软一些，这样在包馅料时好包。

绿茶饼

材料 糯米粉65克，粘米粉30克，小麦澄粉9克，细砂糖7克，猪油6克，绿茶粉4克

调料 开水适量，色拉油适量

做法

①碗中加入糯米粉、粘米粉、小麦澄粉、绿茶粉、细砂糖。

②边倒入开水边用擀面杖搅拌。

③加入猪油，拌匀，倒在操作台上，揉匀成形。

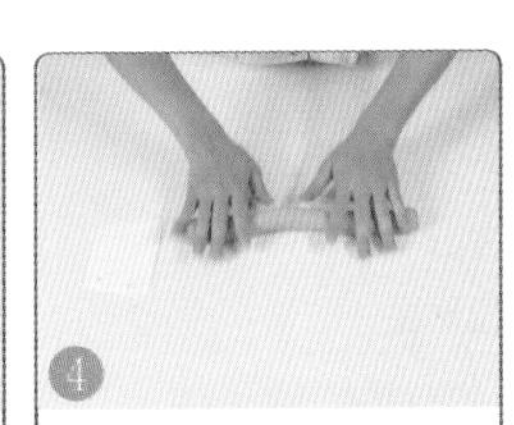

④将面团揉搓成长条形。

⑤用刮板切成小段状。

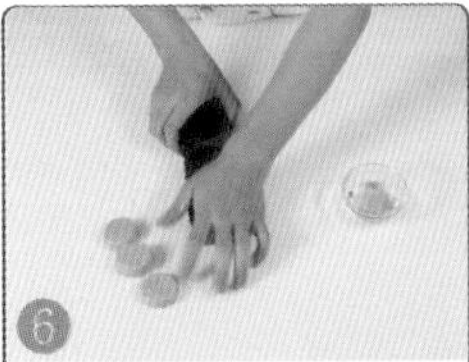

⑥手上粘油，揉圆后放入模具中，压平倒扣后在案板上即成形。

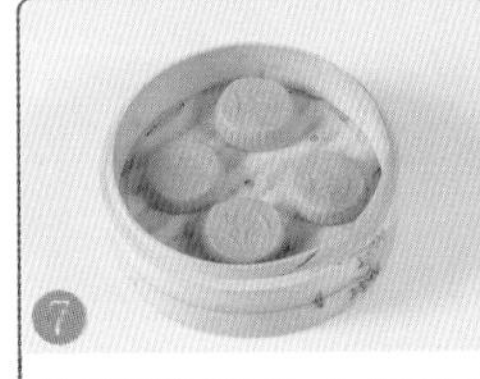

⑦将绿茶饼放入垫有油纸的蒸笼中。

⑧将蒸笼入蒸锅，大火蒸熟，蒸好的绿茶饼取出即可。

红薯饼

材料 小麦淀粉40克，糯米粉60克，细砂糖30克，猪油10克，吉士粉适量，红薯片240克

做法

蒸锅置火炉上烧开，放入红薯片，大火蒸6~7分钟。

揭盖，将蒸好的红薯片装入碗中。

将蒸好的红薯片捣烂，加细砂糖、糯米粉。

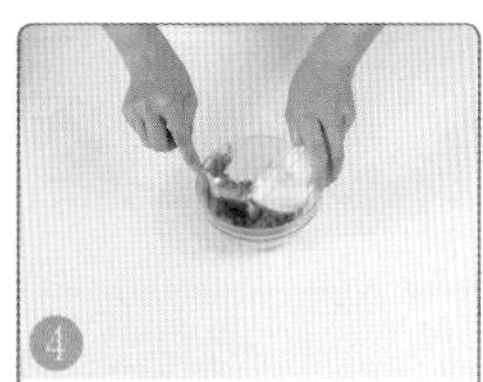

再加小麦淀粉、吉士粉、猪油，拌匀成糊状。

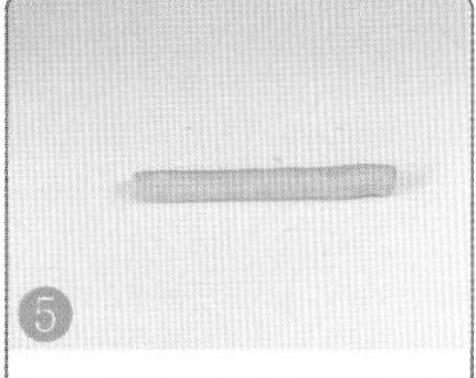

倒在操作台上，加糯米粉和淀粉搓长条，分3等份小剂子。

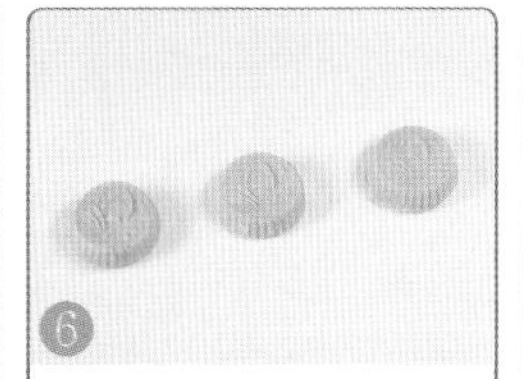

在饼印上，依次撒入淀粉，入小剂子压平，脱模取出。

蒸锅置火炉上，放入红薯饼，用中火蒸5~6分钟至熟。

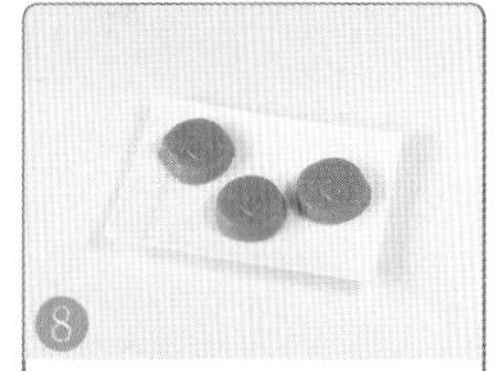

将蒸好的红薯饼装入盘中即可。

煎米饼

材料 冷米饭120克，豌豆50克，杏鲍菇35克，胡萝卜40克，虾仁45克

调料 盐2克，白糖2克，黑胡椒粉少许，水淀粉、生粉、食用油各适量

做法 ①杏鲍菇、胡萝卜、虾仁切丁。②沸水锅中加盐、油、豌豆、杏鲍菇、虾仁、胡萝卜，断生后沥水捞出。③冷米饭中放入焯过水的材料，加入调料拌匀至米饭有黏性。④热油锅中中火煎出焦香味。⑤转小火煎至焦黄色，翻面后小火煎至两面熟透，关火盛出即可。

制作指导 最好用隔夜饭，这样煎好的饼口感更香脆。

糯米软饼

材料 五花肉200克，糯米粉125克，白芝麻40克，猪油20克，小麦淀粉20克，细砂糖30克，水适量

调料 蚝油、食用油各适量

做法 ①五花肉切丁后入油锅加蚝油炒匀后冷藏1小时。②糯米粉加糖、水揉成团。③小麦淀粉加热水拌匀成淀粉糊；糯米粉团加入淀粉糊、猪油揉成团，搓条分成小剂子，搓圆捏成碗状，包入馅料制成生坯。④生坯裹好白芝麻后入蒸锅蒸熟。⑤取出入锅煎至两面金黄即可。

制作指导 在煎糯米软饼时，油温不宜太高，否则容易煎焦。

Part 5

各式各样的 包子、馒头、花卷

包子、馒头、花卷都是古老的汉族传统面食，属于发酵食品，不仅对人体健康非常好，具有丰富的营养价值和强大的保健功能，而且味道鲜美，做法简单。

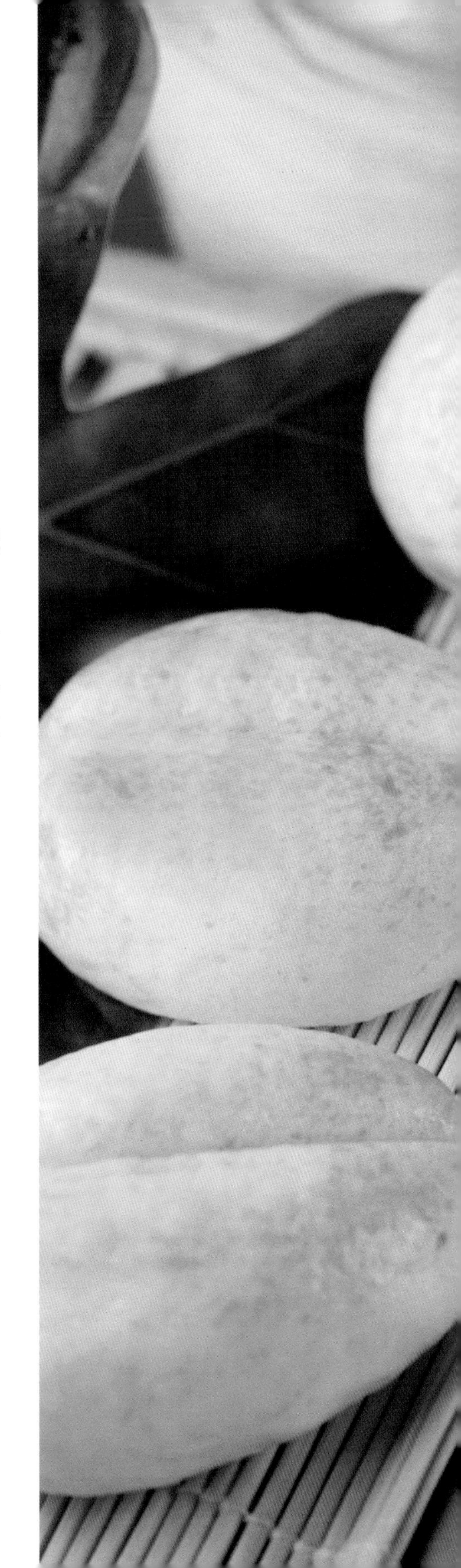

刺猬包

材料 低筋面粉500克，酵母5克，白糖50克，莲蓉100克

做法

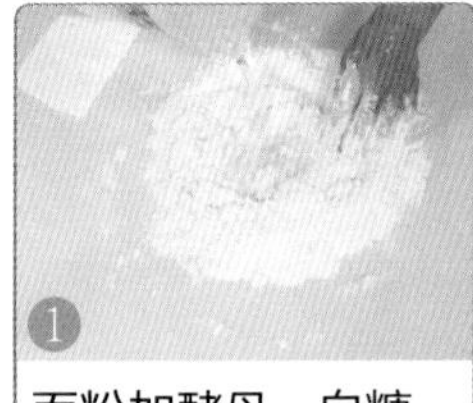

1 面粉加酵母、白糖、水，揉成面团，入保鲜袋静置10分钟。

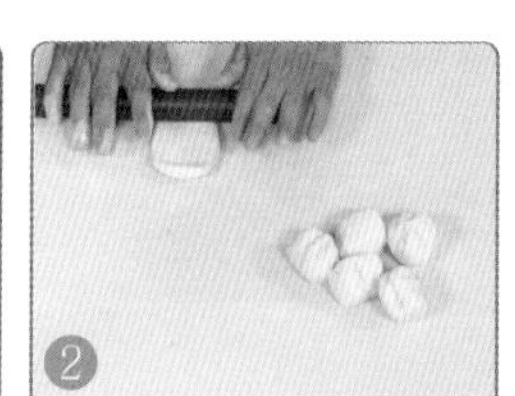

2 面团搓条，下剂，擀成面皮，再卷起对折，擀成面饼。

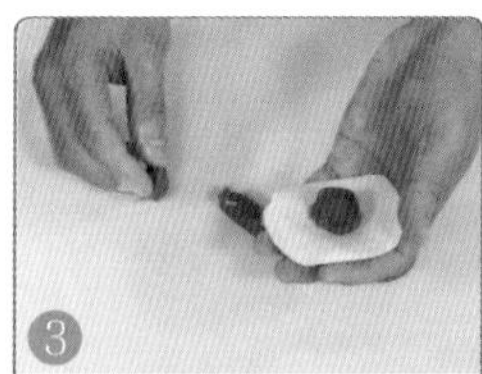

3 莲蓉搓条，下剂，入面饼。面球搓成锥子形放入蒸盘，发酵。

4 取出后剪出背部小刺，将黑芝麻点在生坯上，制成其眼睛。

5 生坯入锅，发酵20分钟，蒸约10分钟，至熟透。

6 关火后取出蒸好的刺猬包即可。

制作指导 面皮要稍微擀得厚一些，这样在剪刺的时候才不至于将馅料露出来。

营养功效 莲子含有的磷是细胞核蛋白的主要组成部分，可以健脑，增强记忆力，并能预防阿尔茨海默病。

玫瑰包

材料 低筋面粉500克，酵母5克，白糖50克，莲蓉80克，蛋清少许

做法

1. 面粉加酵母、白糖、水搅匀，再注水，揉至面团纯滑。

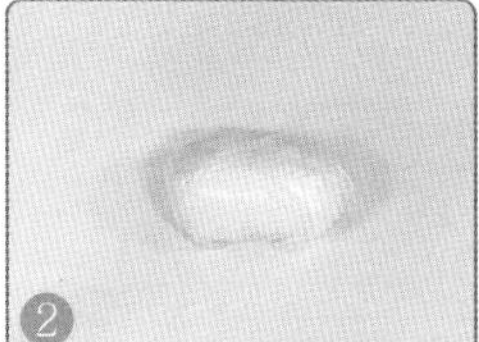

2. 将面团放入保鲜袋中，静置10分钟。

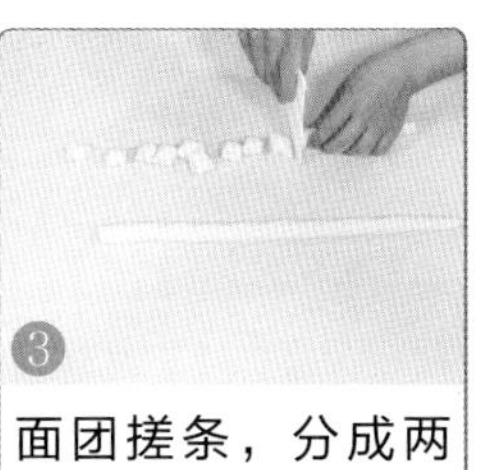

3. 面团搓条，分成两份，再搓成面条，下剂，擀成面皮。

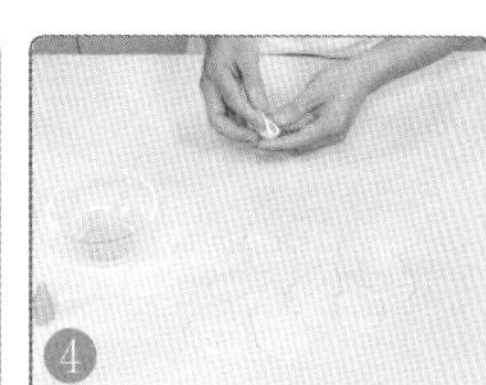

4. 莲蓉搓成锥形，入抹上蛋清的面皮，再逐层裹面皮，入蒸盘。

5. 发酵1小时，开火，用大火蒸10分钟，至玫瑰包熟透。

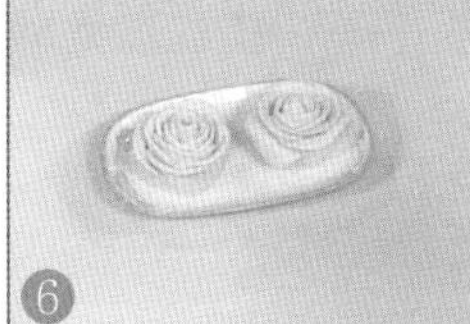

6. 关火后取出蒸好的玫瑰包，装入盘中即可。

制作指导 和面时应将面和得手感偏硬些，这样发酵完的面团软硬度才会合适。

营养功效 面粉含有蛋白质、碳水化合物、维生素等营养物质，可以补充身体所需的营养，能提高免疫力。

花生白糖包

材料 低筋面粉500克，酵母5克，白糖65克，花生末40克，花生酱20克

调料 食用油适量

做法 ①面粉、酵母拌匀，开窝，加入50克白糖、水，揉搓至面团纯滑，入保鲜袋，静置10分钟。②花生末入碗，加15克白糖、花生酱，调成馅料。③面团搓条，摘剂子，擀成面皮。馅料入面皮，收好口，制成花生包生坯，入蒸盘再入蒸锅发酵后，蒸至花生包熟透。④关火后取出花生包，装在盘中即成。

制作指导 调制馅料时，最好多拌一会儿，以使白糖完全溶化。

豆沙包

材料 面粉500克，豆沙150克，酵母5克，白糖20克，泡打粉5克，猪油20克

做法 ①面粉中加泡打粉，开窝，加白糖、酵母、水、面粉、猪油，拌匀，反复加水揉至面团光滑。②把面团擀成面片，再对折，擀平，反复操作3～4次。将面片卷起来，搓条，摘剂子，压成小面团并擀成面饼。③取豆沙，放入面饼中，收口，制成豆沙包生坯，粘上一片油纸放入蒸盘发酵后，蒸8分钟。

制作指导 制作面食时面粉与清水的比例大致是500克面粉，加水量不能少于250毫升，即约为2:1。

菜肉包

材料 大白菜200克，面粉500克，肉末100克，酵母5克，泡打粉5克，姜末少许，猪油20克

调料 盐2克，鸡粉1克，味精1克，白糖2克，蚝油2克，生抽3毫升，老抽3毫升，芝麻油2毫升，食用油适量

做法 ①白菜焯熟切粒。②肉末加调料、姜、白菜制馅。③面粉加泡打粉、白糖、酵母、水、猪油揉团并擀片，对折擀平，操作3~4次揉条下剂并擀成饼。④放入馅，收口粘油纸入蒸盘发酵后再蒸熟。

制作指导 酵母混入面粉之前，加面粉和清水拌匀，搅拌至呈乳液状，这是为了活化酵母。

莲蓉翡翠包

材料 面粉500克，白糖50克，泡打粉5克，酵母5克，菠菜汁250克，猪油20克，莲蓉30克

做法 ①面粉加白糖、泡打粉。酵母入碗，加面粉、清水，搅匀。②面粉中加菠菜汁、活化好的酵母、面粉，揉成面团。③面团擀成片，对折擀平，反复操作2~3次，揉条下剂，擀成面饼。④莲蓉分成剂子，入面饼，收口后捏成圆球，粘油纸入蒸盘发酵后蒸熟。

制作指导 将面团擀成面片，对折后再擀平，这样反复操作，可以使面片光滑，增加面片的弹性。

莲蓉包

材料 低筋面粉500克，泡打粉8克，水200毫升，细砂糖100克，猪油5克，酵母5克，莲蓉40克

做法

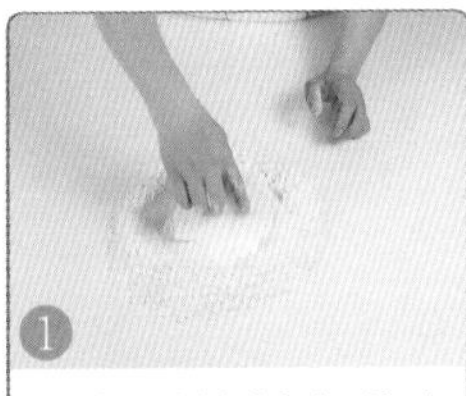

① 低筋面粉倒在操作台上，开窝后倒入泡打粉，拌匀，再开窝。

② 将细砂糖、酵母倒在水中。

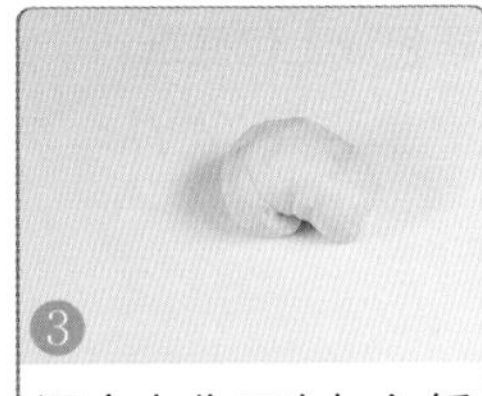

③ 混合水分三次加入低筋粉中，揉匀撕开，入猪油揉成形。

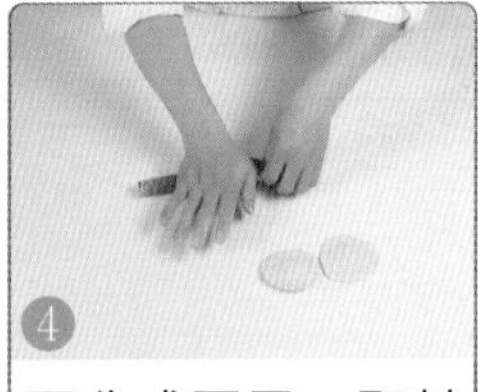

④ 面分成两团，取其一，用手摘三个剂子揉圆，再擀平。

⑤ 取莲蓉馅放到皮上，包好揉圆，放在包底纸上。

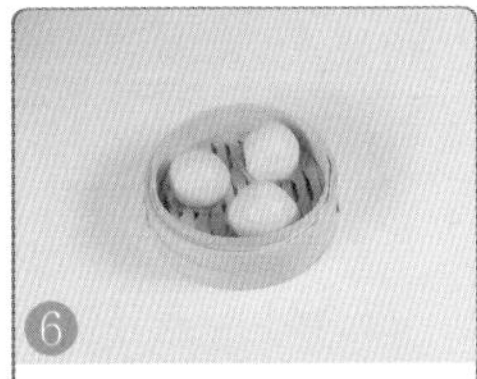

⑥ 将莲蓉包生坯放到蒸笼上，自然发酵40分钟。

⑦ 将发酵好的莲蓉包放入蒸锅中，大火蒸4分钟至热。

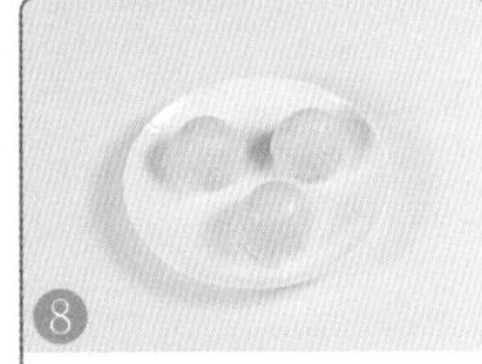

⑧ 将蒸好的莲蓉包取出，装盘即可。

麦香莲蓉包

材料 低筋面粉630克，全麦粉120克，细砂糖150克，泡打粉13克，酵母7.5克，猪油40克，水300毫升，莲蓉40克

做法

1 低筋面粉倒在操作台上开窝，再放上全麦粉、细砂糖。

2 泡打粉、酵母倒在周边面粉上，倒入水，用手按压揉匀。

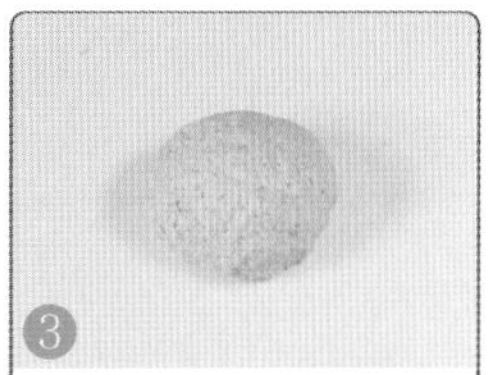

3 加入猪油，慢慢揉匀成形。取面团，擀平。

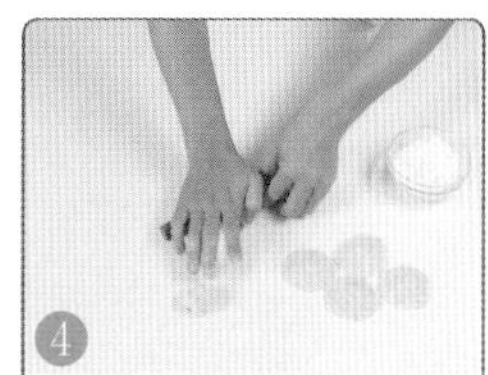

4 面皮自下而上卷成长状，用手扯适量面团，擀平。

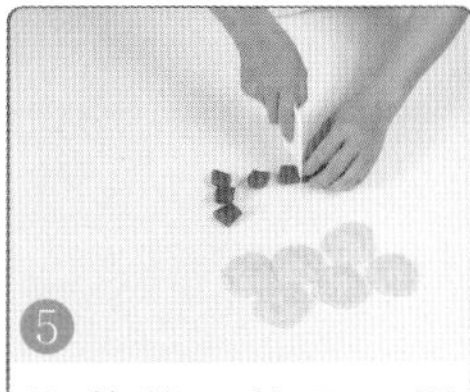

5 取莲蓉，按压，揉搓成条状，切大小均等的小个。

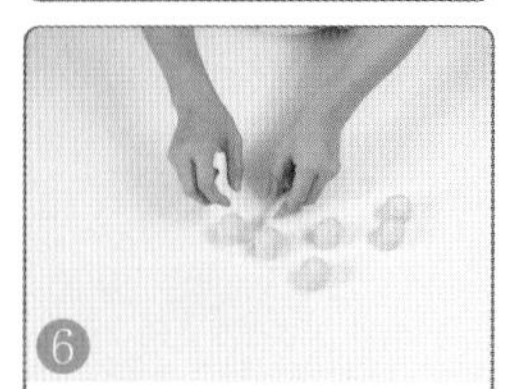

6 莲蓉放到面皮上，包圆捏实，麦香莲蓉包放上包底纸。

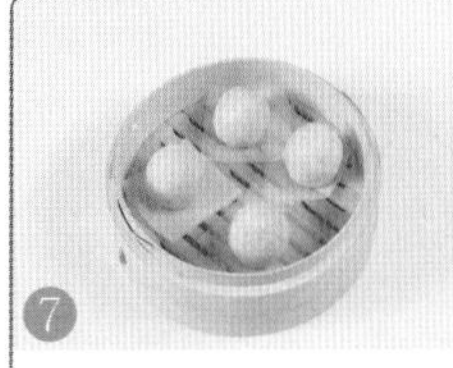

7 将麦香莲蓉包放到蒸笼上，自然发酵60分钟。

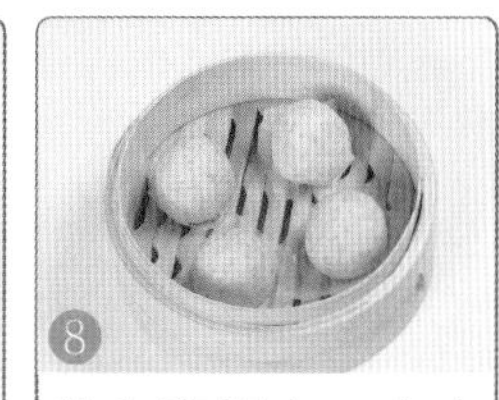

8 放入蒸锅中，大火蒸5分钟至熟，蒸好后取出即可。

椰菜小麦包

材料 低筋面粉、全麦粉、细砂糖、泡打粉、酵母、猪油、水、椰菜丝、肉末各适量

调料 盐2克，细砂糖5克，生粉5克，蚝油8克，猪油8克，味精1克

做法

1. 将椰菜丝与肉丝倒入碗中。

2. 加入盐、味精、糖、蚝油、生粉、猪油，拌匀。

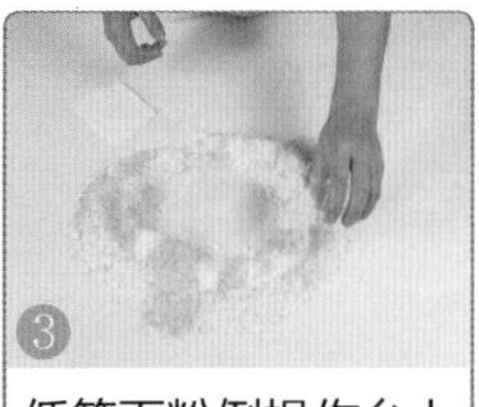

3. 低筋面粉倒操作台上放入全麦粉、细砂糖、泡打粉、酵母。

4. 在窝中倒入水，用手慢慢拌匀，并将周边面粉拌匀。

5. 加入猪油，慢慢揉匀成形。

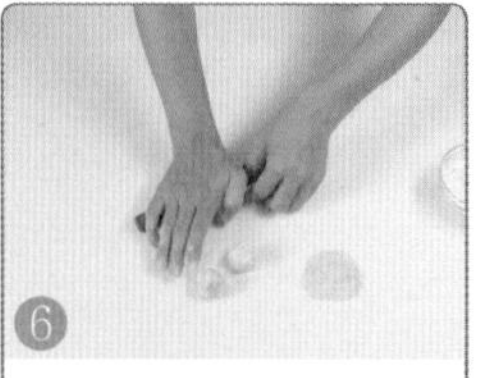

6. 取一面团，擀平后自下而上卷起揉圆，用手扯面团，擀薄。

7. 馅放面皮上，捏好放到包底纸上，入蒸笼自然发酵60分钟。

8. 发酵的椰菜小麦包放入烧开水的蒸锅中，大火蒸5分钟至熟。

生煎包

材料 大白菜200克，面粉500克，肉末100克，酵母5克，泡打粉、姜末、猪油各适量

调料 盐2克，鸡粉1克，味精1克，白糖2克，蚝油2克，生抽、老抽、芝麻油、油各适量

做法

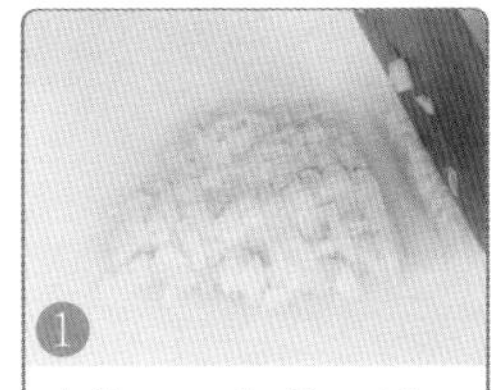

1 水烧开，加盐、油，将大白菜焯熟，捞出过水，切粒。

2 肉末加水、调料、姜末、大白菜粒，制成白菜肉馅。

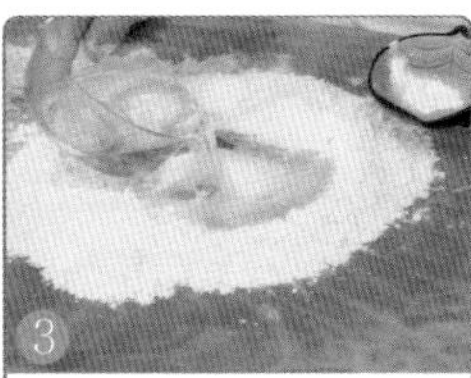

3 面粉中加泡打粉、白糖、酵母、水、猪油，揉搓成面团。

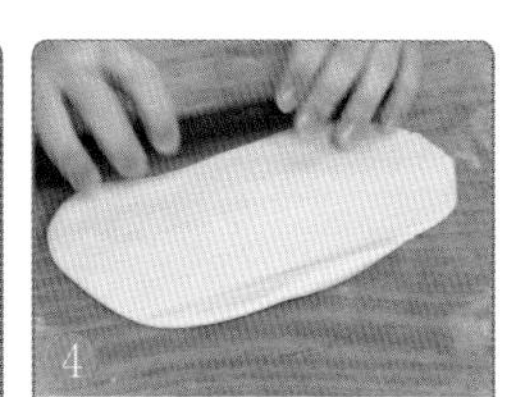

4 面团擀片，对折擀平，反复操作3~4次揉条下剂擀成面饼。

5 肉馅入面饼，收口捏紧，放入蒸锅里，发酵30分钟。

6 注油烧热，放入包子生坯，煎至焦黄，加水，焗熟。

制作指导 揉面时，清水不要一次性加足，最好分几次加，这样和出来的面吃水透，还能减少揉面的时间。

营养功效 大白菜含有丰富的粗纤维，不但能起到润肠、促进排毒的作用，而且能帮助消化。

香菇肉包

材料 面粉500克，肉末100克，酵母5克，水发香菇50克，泡打粉5克，猪油20克，姜末、葱末各少许

调料 盐2克，味精、鸡粉各1克，白糖、蚝油各2克，生抽10毫升，芝麻油适量

做法 ①香菇切粒。②肉末加水、调料、姜葱、香菇粒制馅。③泡打粉入面粉中加糖、酵母、水、猪油揉成团并擀成片，对折擀平，反复操作3～4次揉条下剂并擀成面饼。④放入香菇肉，收口粘油纸入蒸盘发酵后再蒸熟即可。

制作指导 揉面时加盐，可促使酵母菌更快繁殖，这样蒸出的包子松软有劲，香甜可口。

杂粮包

材料 面粉500克，白糖50克，泡打粉5克，酵母5克，荞麦粉100克，猪油20克，红豆沙150克

做法 ①酵母入碗，面粉加白糖，泡打粉。在装酵母的碗中加入面粉、清水，搅匀。②面粉中加清水、活化好的酵母、荞麦粉、水，揉成团并擀成片，对折擀平，反复操作2～3次揉条下剂并擀成面饼。③放入红豆沙，收口粘油纸入蒸盘发酵后再蒸熟即可。

制作指导 做杂粮包时，若喜欢吃甜的，可加入白糖，但不要超过面粉用量的20%，以免面团过湿。

寿桃包

材料 低筋面粉500克，酵母5克，白糖50克，莲蓉100克，食用色素少许

做法 ①低筋面粉加酵母、白糖、清水揉成面团，入保鲜袋，静置约10分钟。②取面团，搓条下剂，擀成面皮，再卷起对折，压成面团，擀成面饼。③莲蓉搓条下剂，入面饼，收口后搓球。④面球搓桃子状，放入刷有油的蒸盘发酵，再蒸熟。⑤取出蒸熟的寿桃包，在中间压上一道凹痕，撒上粉红食用色素。

制作指导 蒸寿桃包时应用大火，这样蒸出来的寿桃包形状会更饱满。

水晶包

材料 澄面100克，生粉60克，虾仁100克，肉末100克，水发香菇30克，胡萝卜50克

调料 猪油、盐、白糖、生抽、鸡粉、胡椒粉、芝麻油、食用油各适量

做法 ①香菇、胡萝卜均切粒。②虾仁加盐、白糖、生粉、油腌渍，洗净后切粒；肉末加调料、虾仁、香菇、胡萝卜制馅。③澄面加生粉、盐、开水、猪油揉团后入保鲜膜。④面团揉条下剂，擀面皮，放入馅，收口使其呈雀笼状，蒸熟。

制作指导 面皮擀得越薄，蒸出的水晶包越晶莹剔透。

双色包

材料 低筋面粉1千克，酵母10克，白糖100克，熟南瓜200克，肉末120克，葱花少许

调料 盐、鸡粉各2克，老抽2毫升，料酒、生抽各3毫升，水淀粉、芝麻油、食用油各适量

做法

① 面粉加酵母、白糖、清水揉成面团后入保鲜袋静置。

② 低筋面粉加酵母、白糖、熟南瓜、水揉成南瓜团，入保鲜袋。

③ 肉末入油锅，加入调料炒熟，再装入碗中。

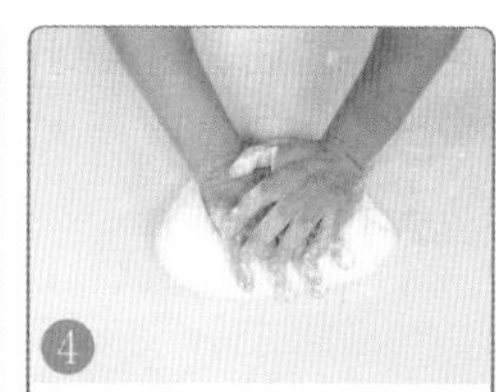

④ 白色面团、南瓜面团均擀平，南瓜面团叠在白色面团上揉成卷。

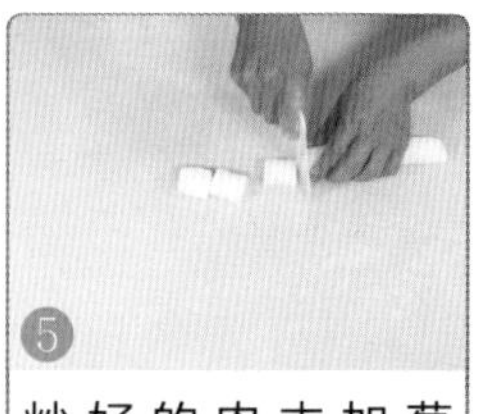

⑤ 炒好的肉末加葱花，制成馅料。

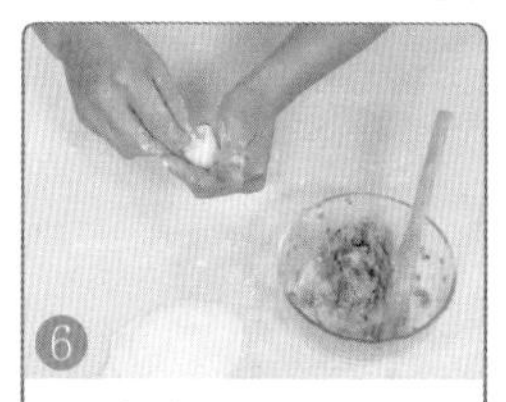

⑥ 面卷切剂子，擀片，放入馅料，收口，揉成圆球状。

⑦ 在蒸盘上刷食用油，放入蒸锅，摆放上生坯，发酵。

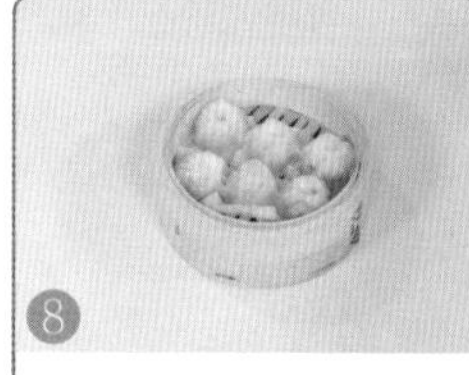

⑧ 水烧开后再蒸10分钟，取出双色包，放在盘中，摆好。

鼠尾包

材料 低筋面粉500克，泡打粉8克，水200毫升，细砂糖100克，猪油5克，酵母5克，韭菜末300克，五花肉碎200克，冬菇末50克，姜末适量

调料 盐、色拉油各适量

做法

1. 低筋面粉倒在操作台上，泡打粉倒入面粉中，拌匀开窝。

2. 将细砂糖、酵母倒在水中。

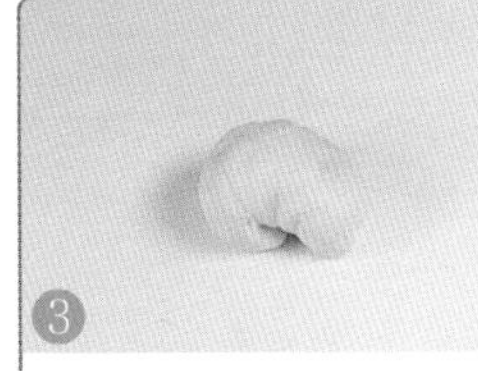

3. 混合水分三次加入低筋粉中，揉匀，猪油放中间，揉成形。

4. 五花肉碎、姜末、糖、盐、猪油、冬菇末倒入容器中拌匀。

5. 生粉分三次加入并拌匀，色拉油、韭菜倒入容器中拌匀成馅。

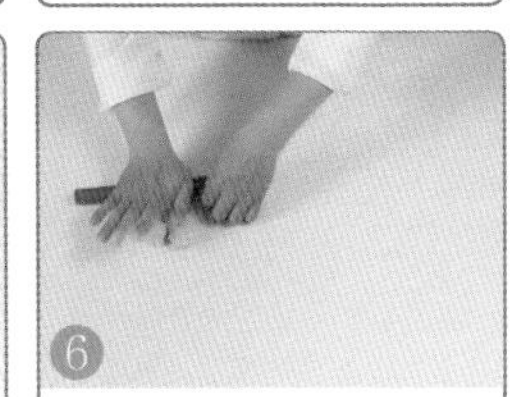

6. 取面团，揉成条状，撕大小均等的团状，擀平。

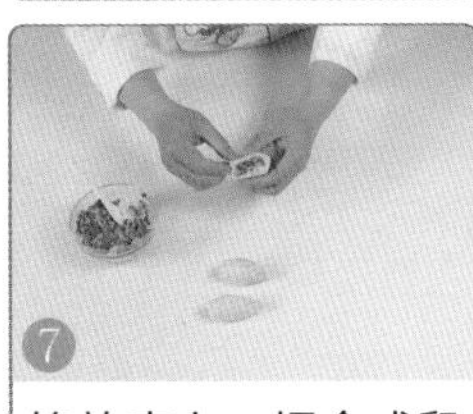

7. 馅放皮上，捏合成鼠尾形后放包底纸上，自然发酵40分钟。

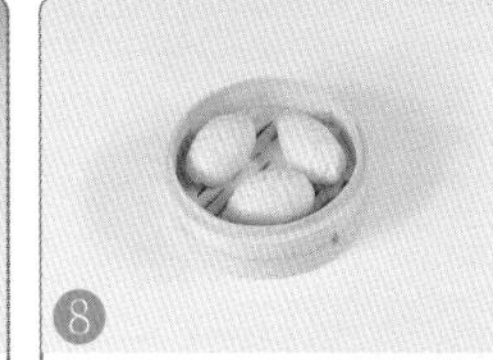

8. 鼠尾包放入蒸锅中，蒸5分钟关火，将蒸笼取出即可。

葱香南乳花卷

材料 低筋粉500克，泡打粉8克，水200毫升，猪油5克，酵母5克，南乳10克，葱花适量

调料 细砂糖100克，味精4克，盐5克，黄油适量

做法

1. 低筋面粉倒在操作台上，用刮板开窝；细砂糖、酵母倒水中。

2. 泡打粉倒入面粉中拌匀，再开窝。

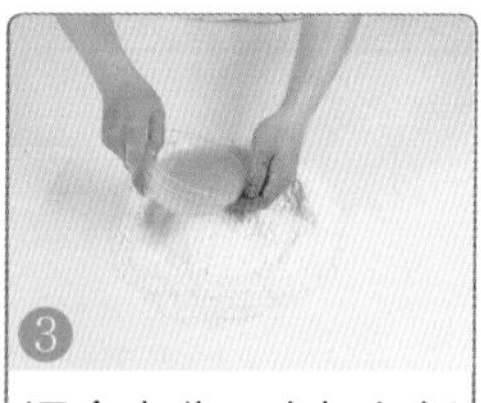

3. 混合水分三次加入低筋粉中，按压揉匀，放入猪油，揉成形。

4. 取适量大小面团一分为二，操作台上撒面粉，面团擀平擀薄。

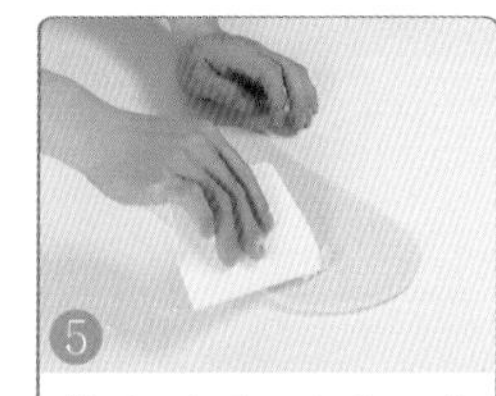

5. 黄油刮到面皮上，将南乳刮匀到面皮上，再撒盐、葱花。

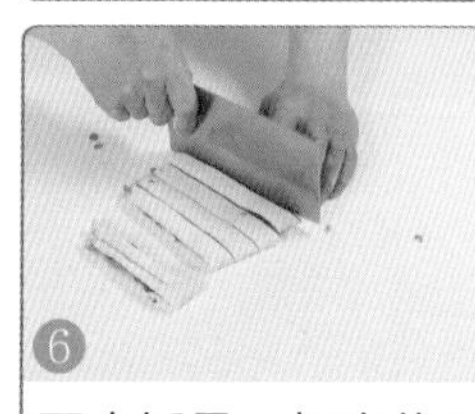

6. 面皮折叠，切宽约4厘米的片状，在中间切一刀，但不切断。

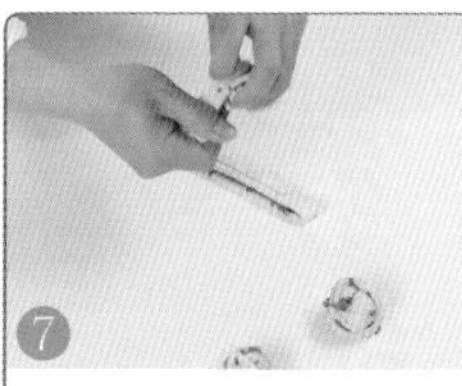

7. 两头捏合扭成麻花状，一头串过中间的孔，放包底纸上。

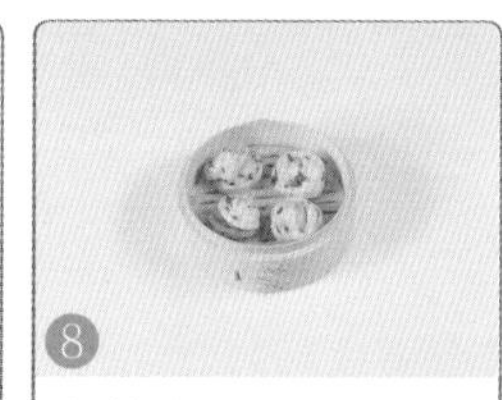

8. 自然发酵40分钟后大火蒸4分钟至熟，取出即可。

火腿卷

材料 低筋面粉500克，泡打粉8克，水200毫升，细砂糖100克，猪油5克，酵母5克，火腿3根

做法

1. 低筋面粉倒操作台上，开窝后倒入泡打粉，拌匀再开窝。

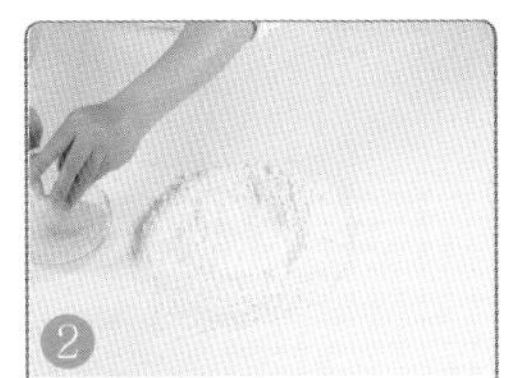

2. 将细砂糖、酵母倒在水中。

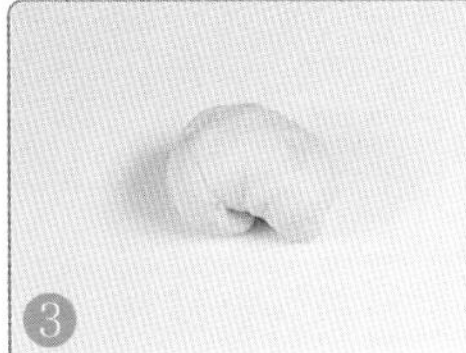

3. 混合水分三次加入低筋面粉中，按压揉匀，放入猪油，揉成形。

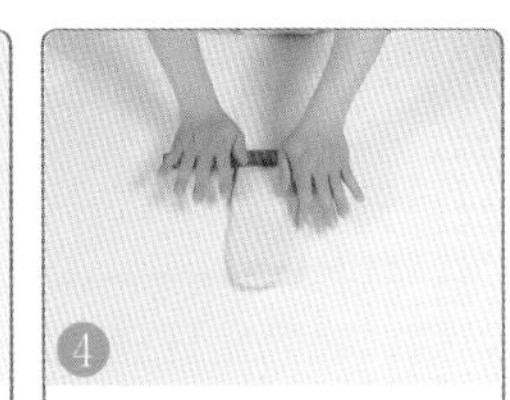

4. 用刮板取一块面团，擀成长条状。

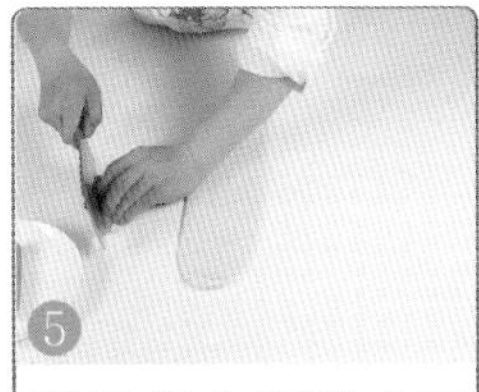

5. 用刀将火腿切成两半。

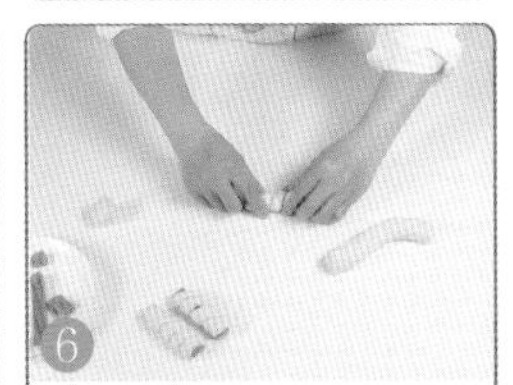

6. 面皮横放，卷长条状。揉匀后取小剂子，搓成长条状。

7. 拿根火腿，用面缠绕，用包底纸包好，自然发酵40分钟。

8. 火腿卷大火蒸4分钟至热，蒸好后拿出即可。

火腿香芋卷

材料 低筋面粉500克，酵母5克，白糖50克，火腿肠条100克，香芋条100克

做法 ①低筋面粉加酵母、白糖、清水揉成面团后入保鲜袋，静置10分钟。②锅注油烧热，倒入香芋，炸熟，沥干油。再放入火腿肠，炸香，沥干油。③取面团，搓条，压扁，擀成面皮。分成两份，再切成两片。④把香芋和火腿肠放在面片上，卷起，裹好，制成4个火腿香芋卷生坯，放入蒸盘发酵，蒸熟。

制作指导 揉面时可以分几次加入清水，这样更容易控制面团的软硬度。

川味花卷

材料 面粉500克，奶粉20克，酵母5克，泡打粉5克，白糖70克，葱花30克，辣椒粉10克

调料 盐、食用油各适量

做法 ①酵母加面粉、清水拌匀，面粉加泡打粉、奶粉、白糖、清水、活化好的酵母揉成团。②将面团擀成面片，刷上油，撒盐、辣椒粉、葱后卷起，切成段，再在中间压一条线，沿着线对折，捏着两端，扭S形向内对折后捏紧入蒸盘。③入蒸锅发酵，蒸8分钟。

制作指导 揉面时一定要揉上劲，注意顺一个方向揉，面团达到三光即"手光、面光、盆光"。

葱花花卷

材料 面粉500克，奶粉20克，酵母5克，泡打粉5克，白糖70克，葱花30克

调料 盐、食用油各适量

做法 ①酵母加面粉、清水拌匀，面粉加泡打粉、奶粉、白糖、清水、活化好的酵母揉成团。②面团擀成片，再对折擀平，反复操作2～3次。③面片刷油，撒盐、葱花后卷起，切段并在中间压上线，沿线对折，捏着两端，扭S形向内对折捏紧成生坯入蒸盘。④放入蒸锅发酵，蒸8分钟。

制作指导 清水不要一次性加足，最好分几次加，这样和出来的面吃水透，还可减少揉面的时间。

豆沙花卷

材料 面粉500克，奶粉20克，酵母5克，泡打粉5克，白糖70克，豆沙50克

调料 食用油适量

做法 ①酵母加面粉、清水拌匀，面粉加泡打粉、奶粉、白糖、清水、活化好的酵母揉成团。②面团擀成面片，抹上豆沙后卷起，切段并在中间压上线，沿线对折，捏着两端，扭S形向内对折捏紧成生坯。③将花卷生坯放在刷有一层食用油的蒸盘上，放入蒸锅。④发酵30分钟，再用大火蒸8分钟。

制作指导 和面时可用温水或冷水和面，温水和出来的面较软，冷水和出的面较筋道。

腊肠卷

材料 低筋面粉500克，酵母5克，白糖50克，腊肠段120克

调料 食用油适量

做法

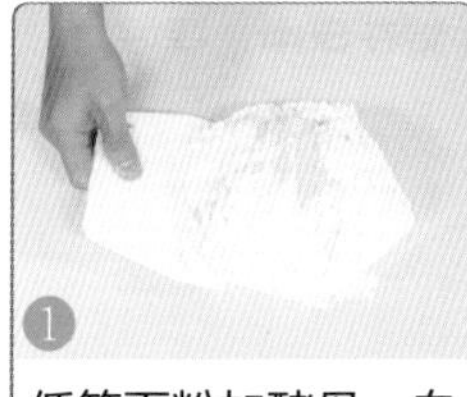

① 低筋面粉加酵母、白糖、清水揉成面团后入保鲜袋，静置。

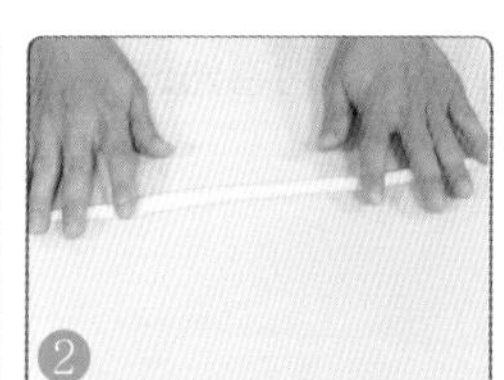

② 面团搓条，分成剂子，再搓成两端细、中间粗的面卷。

③ 取腊肠段，逐一卷上面卷，放入刷有食用油的蒸盘。

④ 蒸锅注入清水，放入蒸盘，静置约1小时，使生坯发酵。

⑤ 开火，水烧开后再用大火蒸约10分钟，至食材熟透。

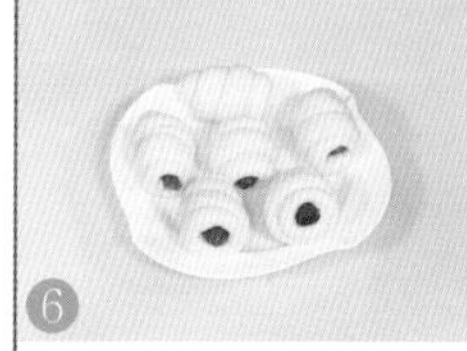

⑥ 关火后取出蒸好的腊肠卷，放在盘中，摆好即成。

制作指导 腊肠要切得长短一致，这样蒸好的成品样式才美观。

营养功效 腊肠含有蛋白质、核黄素、烟酸、维生素E和钙、磷、镁、铁、锌等营养成分，可开胃助食，增进食欲。

葱花肉卷

材料 低筋面粉500克，酵母5克，白糖50克，肉末120克，葱花少许

调料 盐2克，鸡粉2克，老抽2毫升，料酒、生抽各3毫升，食用油适量

做法

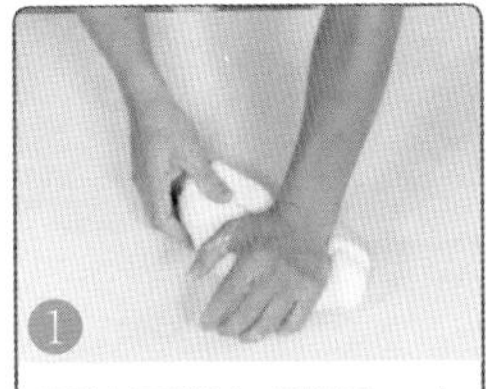

1. 低筋面粉加酵母、白糖、清水，揉搓一会儿，至面团纯滑。

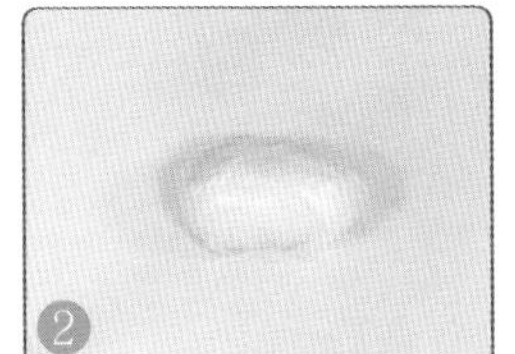

2. 将面团放入保鲜袋中，包紧，静置约10分钟，备用。

3. 油锅倒入肉末，加调料、白糖炒熟，起锅即成馅料。

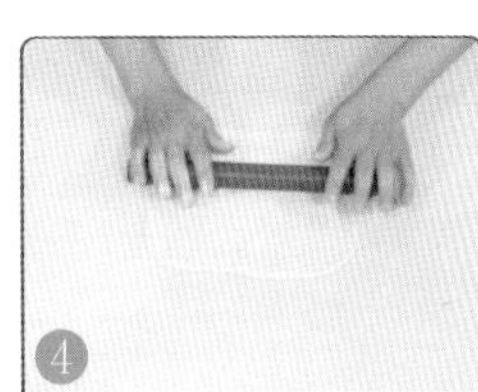

4. 面团揉条压扁，擀成面皮，修整齐后切成方形面皮。

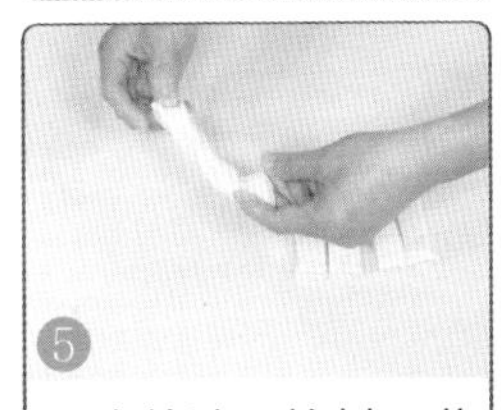

5. 面皮放油、馅料、葱后对折两次，切四份再压凹痕，扭S形。

6. 肉卷生坯放入刷有油的蒸盘，再入蒸锅发酵。

7. 打开火，水烧开后再用大火蒸约10分钟，至肉卷熟透。

8. 关火后揭开锅盖，取出蒸好的肉卷。装在盘中，摆好。

花生卷

材料 低筋面粉500克，酵母5克，白糖50克，花生酱20克，花生末30克

调料 食用油适量

做法

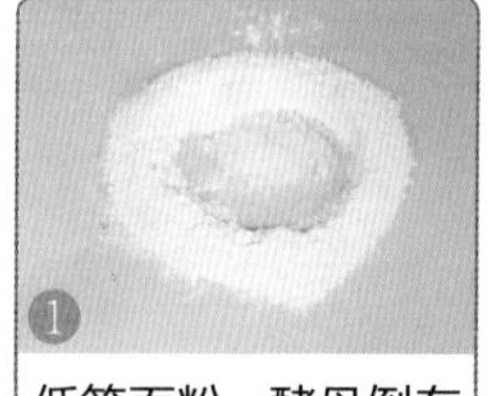

低筋面粉、酵母倒在案板上，加入白糖和清水，揉搓成面团。

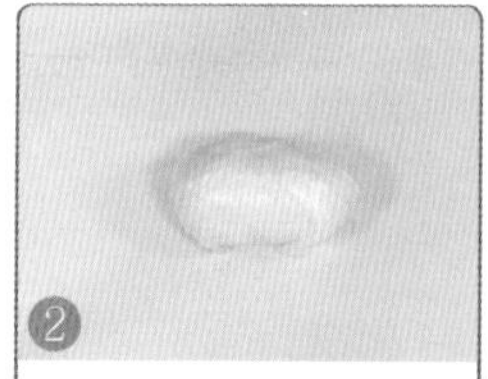

将面团放入保鲜袋，包紧、裹严，静置约10分钟。

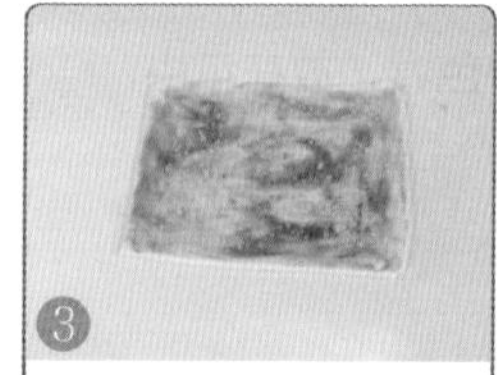

面团擀面皮后修方形，放油、花生酱和花生末，对折擀平分块。

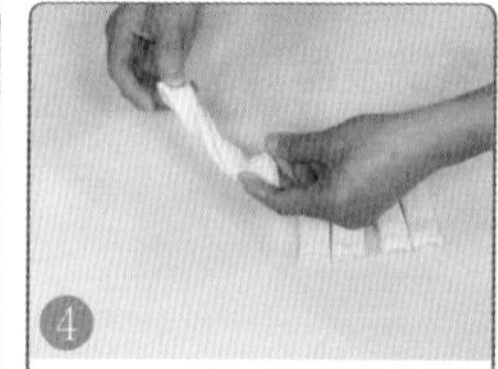

面皮叠放，捏紧两端，扭螺纹形，再捏紧两端成生坯。

在蒸盘上刷食用油，摆放上生坯，再入蒸锅。

盖上盖，静置约1小时，至花生卷生坯发酵、涨开。

水烧开后再用大火蒸约10分钟，至花生卷熟透。

揭开锅盖，取出蒸好的花生卷，装在盘中，摆好即成。

双色卷

材料 低筋面粉1000克，酵母10克，白糖100克，熟南瓜200克

调料 食用油适量

做法

1. 部分低筋面粉加酵母、白糖、清水揉成面团后入保鲜袋，静置。

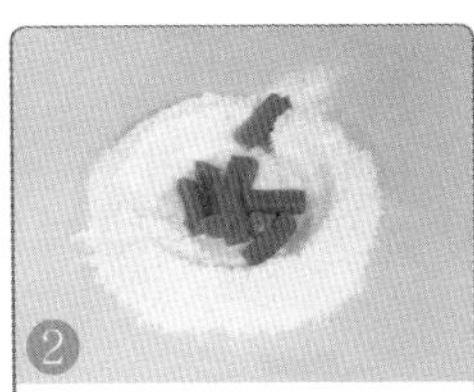
2. 余下低筋面粉加酵母、白糖、熟南瓜揉南瓜团，入保鲜袋。

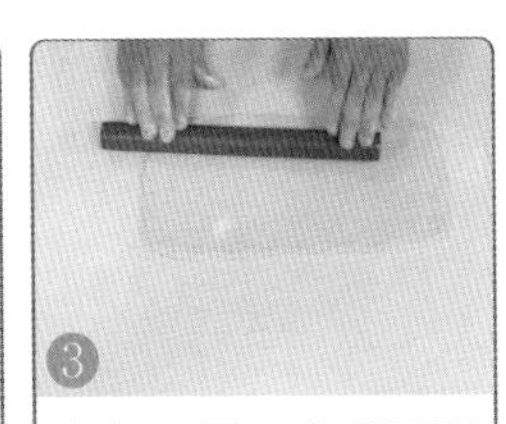
3. 白色面团、南瓜面团擀平，南瓜面团叠在白色面团上擀面片。

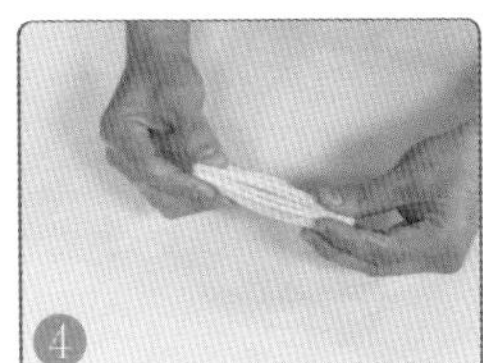
4. 面片刷油，对折两次，分四份；压凹痕后对扭S形，捏紧。

5. 双色卷生坯放入刷有油的蒸盘，再入蒸锅发酵。

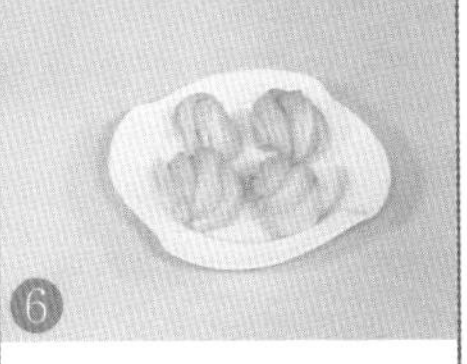
6. 水烧开后再蒸至熟透，取出蒸熟的双色卷，放在盘中。

制作指导 在剂子上压出的凹痕不宜太深，以免制作出来的形状不美观。

营养功效 南瓜含有较多的锌元素，能参与人体内核酸、蛋白质的合成，是肾上腺皮质激素的固有成分，也是人体生长发育的重要物质。

吉利百花卷

材料 虾仁400克，咸蛋黄50克，面包糠250克，蛋清少许

做法 ①将洗好的虾仁剁成肉馅，装入盘中，备用。②将虾仁肉馅捏成肉丸，手蘸少许蛋清，将咸蛋黄塞入肉丸中，包裹严实，即成肉团。③将做好的肉团裹上面包糠。④锅中注油烧至五成热，放入肉团。⑤用中火炸约2分钟至熟。⑥捞出炸好的肉团，沥干油。摆入盘中即可。

制作指导 炸制肉团时，油温应保持五成热，若油温偏低，肉团不易定形，面包糠也容易掉。

蔬菜杂粮卷

材料 低筋面粉630克，全麦粉120克，细砂糖150克，泡打粉13克，酵母7.5克，猪油40克，水300毫升，韭黄末20克，胡萝卜末20克，冬菇末5克

调料 盐少许，食用油适量

做法 ①低筋面粉加全麦粉、细砂糖、泡打粉、酵母、水、猪油揉成形。②取面团擀平，刷油，撒韭黄末、冬菇末、胡萝卜末、盐后卷起，搓成条后切段。③在中间压痕迹，拉伸后将两头捏紧，放到包底纸上，再入蒸笼发酵后蒸熟。

制作指导 在卷面团的时候，要轻轻地卷起来，不要太用力，否则面团容易被弄破。

香芋卷

材料 低筋面粉500克，砂糖100克，清水225毫升，泡打粉4克，酵母4克，火腩200克，香芋200克

做法 ①把低筋面粉开窝，再放入砂糖、酵母、泡打粉、清水，搓成纯滑的面团。②静置30分钟后把面团分切成多个小面团。③将小面团分别擀成“日”字形的长条。④再把切成块状的香芋和火腩放在面皮上，卷起捏紧成形。⑤放入蒸笼内静置30分钟，蒸约8分钟。

制作指导 搓面团时可以在里面揉进一小块猪油，搓成面团后会更光滑细腻，蒸出来更松软可口。

刀切馒头

材料 低筋面粉500克，泡打粉8克，水200毫升，酵母5克

调料 细砂糖100克，猪油5克

做法 ①低筋面粉倒在操作台上，用刮板开窝，将细砂糖、酵母倒在水中，泡打粉倒入面粉中，再开窝。②混合水分次加到低筋面粉中揉成形，将面撕开，放入猪油揉成形。③用刀将面团切开，将其中一个揉搓成长条状，切出大小均等的小馒头状。④将切好的小馒头放到蒸盘上发酵后蒸熟。

制作指导 揉好的面团最好进行二次发酵，这样制作出来的馒头会更加香甜。

麦香馒头

材料　低筋面粉630克，全麦粉120克，细砂糖150克，泡打粉13克，酵母7.5克

调料　猪油40克，水300毫升

做法

① 低筋面粉倒在操作台上开窝，再放上全麦粉、细砂糖。

② 泡打粉、酵母倒在周边面粉上，倒入水，用手按压揉匀。

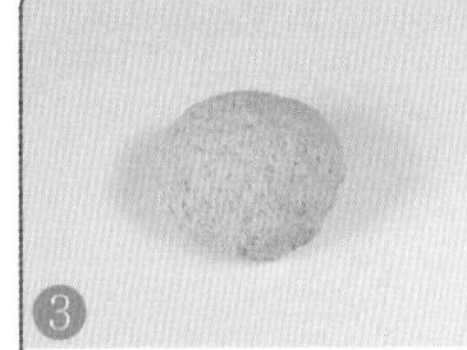

③ 加入猪油，慢慢揉匀成形。取面团，擀平。

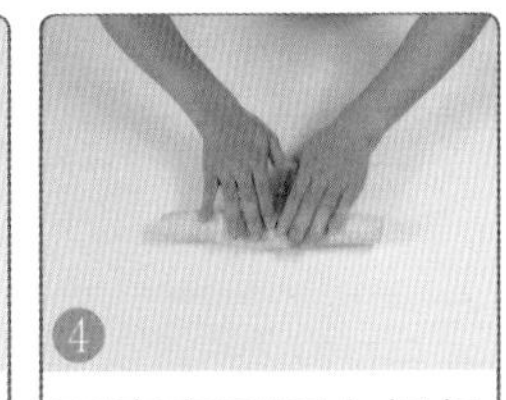

④ 面皮自下而上慢慢卷起并揉圆。

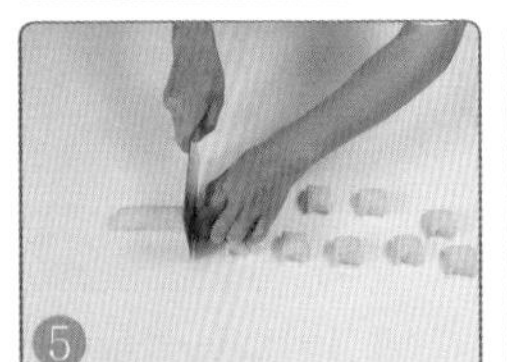

⑤ 用刀切成宽约3厘米的长段。

⑥ 放上包底纸，放入蒸笼，自然发酵60分钟。

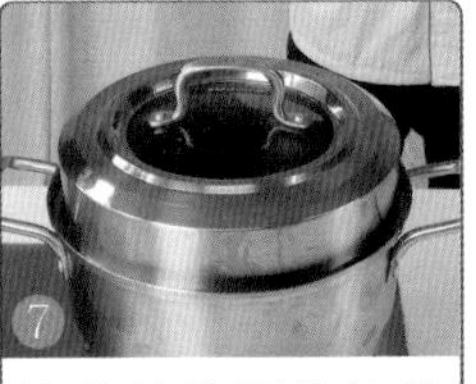

⑦ 将蒸笼放到烧热的蒸锅中，大火蒸5分钟至熟。

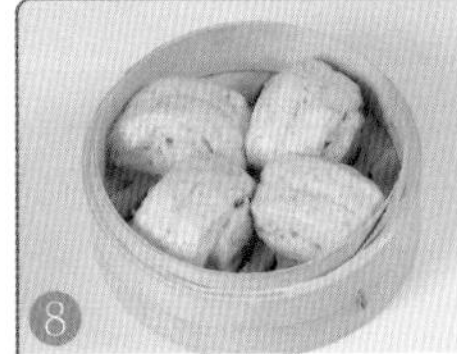

⑧ 将蒸好的麦香馒头取出即可。

鸡蛋炸馒头片

材料 馒头85克，蛋液100克

调料 食用油适量

做法

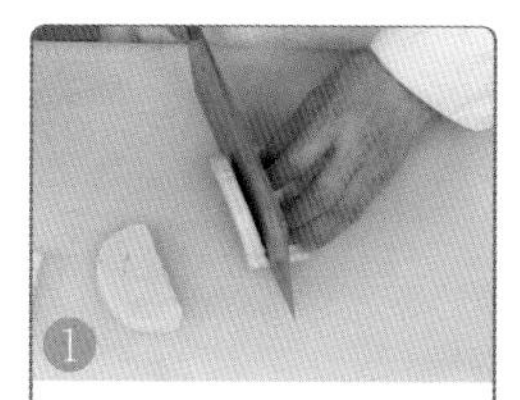

1 把馒头切成厚度均匀的片。

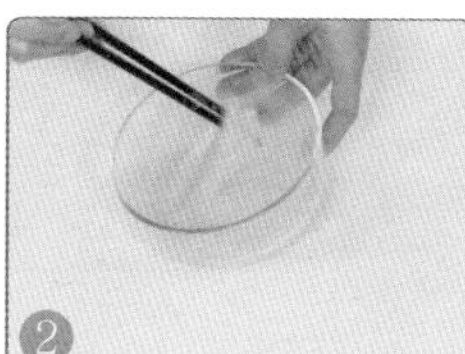

2 将蛋液搅散调匀，待用。

3 将煎锅置于火上烧热，再淋入少许食用油。

4 将馒头片裹上鸡蛋液，放入煎锅中。

5 用小火煎至蛋液变白，翻转馒头片，用小火煎黄。

6 关火后取出煎好的馒头片，放入盘中即可。

制作指导 蛋液中淋入少许料酒，可以降低鸡蛋的腥味。

营养功效 鸡蛋含有蛋白质、卵磷脂、维生素、铁、钙、钾等营养成分，具有健脑益智、保护肝脏、养心润肺等功效。

奶香馒头

材料 面粉500克，奶粉20克，酵母5克，泡打粉5克，白糖70克

调料 食用油适量

做法 ①酵母加面粉、清水拌匀，面粉加泡打粉、奶粉、白糖、清水、活化好的酵母揉成团。②部分面团擀成片，对折后擀平，反复操作2～3次。③面片卷起，搓条后切馒头生坯。④蒸盘刷食用油，放上馒头生坯，把馒头生坯放入蒸锅中。⑤发酵30分钟，待馒头生坯发好酵，用大火蒸8分钟。

制作指导 在揉面团时，一定要搓揉得当，这样蒸出来的馒头才会更加松软。

荞麦馒头

材料 面粉500克，白糖70克，酵母5克，泡打粉5克，荞麦粉100克，猪油20克

调料 食用油适量

做法 ①酵母加水、面粉，备用；面粉加白糖、泡打粉、清水、活化好的酵母、荞麦粉、猪油揉成面团。②面团擀成面片，对折擀平，反复操作2～3次。③面片卷起，搓条后切成馒头生坯。④放入刷有一层食用油的蒸盘上，将蒸盘放入水温为30℃的蒸锅中，发酵30分钟，再用大火蒸8分钟至熟。

制作指导 切开面团后，若面团的孔洞小而少，酸甜味不明显，说明面团发酵不足，还需继续发酵。

南瓜馒头

材料 熟南瓜200克，低筋面粉500克，白糖50克，酵母5克

调料 食用油适量

做法 ①面粉、酵母混合匀，放白糖、熟南瓜、清水揉搓成南瓜面团。②把南瓜面团放入保鲜袋中，静置约10分钟。③将南瓜面团搓成长条形，再切成数个剂子。④将剂子放入刷上食用油的蒸盘内，蒸锅置灶上，注入清水，放入蒸盘，静置约1小时。⑤水烧开后再用大火蒸至食材熟透。

制作指导 制作熟南瓜前，最好将其表皮去除干净，这样拌好的南瓜面团才更纯滑。

双色馒头

材料 低筋面粉1000克，酵母10克，白糖100克，熟南瓜200克

调料 食用油适量

做法 ①部分低筋面粉、酵母混合匀，加白糖、清水，揉搓成面团，静置。②余下的低筋面粉和酵母混合匀，加白糖、熟南瓜、清水揉成南瓜面团，静置。③分别取白色面团、南瓜面团，擀平，把南瓜面团叠在白色面团上，揉成面卷，再切成均等的剂子，放入刷上食用油的蒸盘，将蒸盘置于蒸锅内，静置后蒸熟。

制作指导 熟南瓜碾成泥后再加入面粉中，这样搅拌起来会更省力一些。

菠汁馒头

材料 面粉500克，白糖50克，泡打粉5克，酵母5克，菠菜汁250克，猪油20克

调料 食用油适量

做法

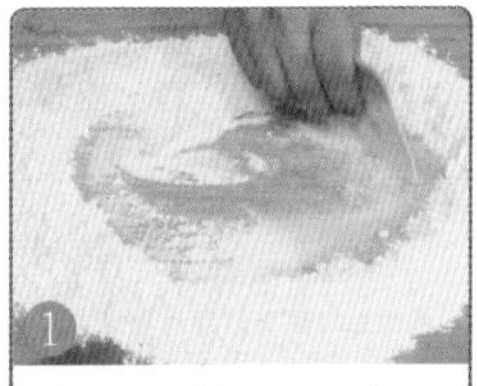

称取面粉，开窝，撒入白糖，并把泡打粉撒在面粉上。

把酵母盛入碗中，加入面粉、清水，搅匀。

面粉加菠菜汁、活化好的酵母、猪油，揉搓成面团。

面团擀成片，对折擀平，反复操作2～3次，再卷起切块。

生坯入刷油的蒸盘再入蒸锅，发酵30分钟，然后蒸熟。

将蒸好的馒头取出，用筷子夹入蒸笼中即可。

制作指导 发酵馒头生坯时，可观察馒头的体积，若馒头生坯的体积膨胀至原来的1.5倍，则说明已经发好酵。

营养功效 菠菜的蛋白质含量高于其他蔬菜，而且含有较多的植物粗纤维，具有促进肠道蠕动的作用。

Part 6

营养美味的饺子、馄饨

饺子和馄饨是中国一南一北的两种面食，代表着南北地区的两种膳食文化及人文特色，都是用薄面皮包馅水煮而成。发展至今，它们已成为名号繁多、制作各异、鲜香味美，并深受人们喜爱的中国传统主食。

白菜香菇饺子

材料 大白菜300克，胡萝卜100克，鲜香菇40克，生姜20克，花椒少许，饺子皮数张

调料 老抽2毫升，白糖5克，芝麻油3毫升，盐2克，五香粉少许，食用油适量

做法

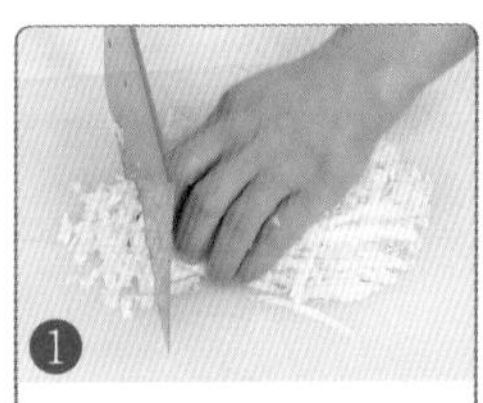

1 大白菜、香菇切粒；胡萝卜切丝；生姜拍碎，剁成末。

2 用油起锅，倒入花椒爆香，盛出花椒。

3 锅底留油，倒入香菇，加入老抽、白糖，炒出香味即可。

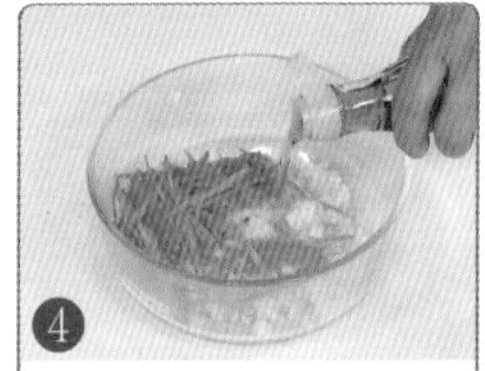

4 将切好的食材加入调料拌匀成馅，再将其盛出，装入盘中。

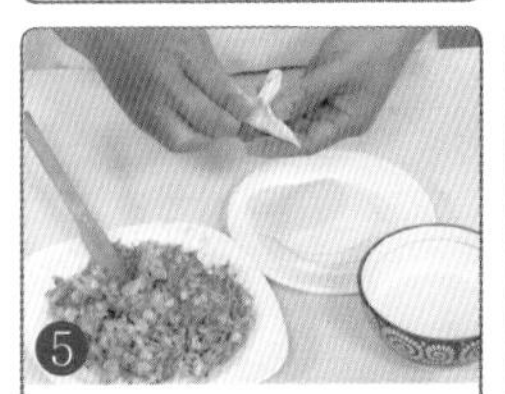

5 取饺子皮，边缘沾水，包入馅料，收口捏成三角形生坯。

6 将饺子生坯放入刷好油的蒸盘中。将蒸盘放入蒸锅中。

7 盖上盖子，用大火蒸4分钟，至饺子生坯熟透。

8 揭开盖子，取出蒸好的饺子，装入盘中即可。

韭菜饺

材料 澄面100克，生粉60克，韭菜100克，水发香菇40克，肉末100克，虾仁100克

调料 猪油5克，盐2克，白糖5克，生抽5毫升，鸡粉3克，胡椒粉、芝麻油、食用油各适量

做法

1 洗好的韭菜切成粒，泡发洗好的香菇切成条，改切成粒。

2 虾仁中加入调料腌渍入味。洗净后将其拍扁，切成粒。

3 肉末中加入所有调料，拌匀后加入虾仁、韭菜，制成馅。

4 澄面中分次加入水和生粉拌匀，并佐以盐、猪油揉匀饧发。

5 将面团搓条，切成小剂子，压扁后再用擀面杖擀成面皮。

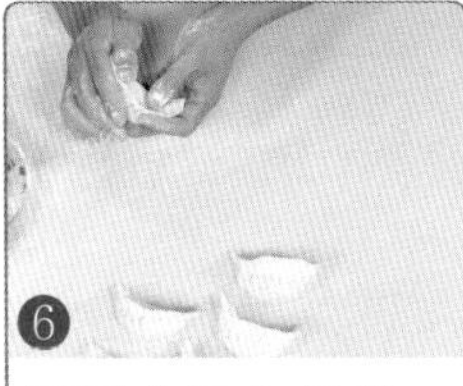

6 面皮中包入馅料，收口捏紧呈月牙形，即韭菜饺生坯。

7 将生坯放入盘中，将包底纸刷上适量食用油，放入蒸笼中。

8 蒸笼入蒸锅后盖上盖，大火蒸至其熟透，取出装盘即可。

菠汁香菇肉饺子

材料 面粉250克，菠菜汁50克，香菇肉馅200克

调料 盐2克

做法 ①面粉中加入菠菜汁、清水，搅匀后多次加水，揉成面团。②面团擀成面片后对折擀平，重复操作至面片光滑，再修长方形。③将其卷起,搓成条，切成小剂子，再擀成皮。④面皮中包入肉馅后对折，收口制成生坯。⑤沸水锅中将饺子煮至浮在水面上。⑥把煮好的饺子捞出，装入盘中即可。

制作指导 揉饺子面时最好加凉水揉面。面团不要太硬，饧透后还要再揉、再饧，面团才筋道好吃。

菠汁白菜肉饺子

材料 面粉250克，菠菜汁50克，白菜肉馅200克

调料 盐2克

做法 ①面粉中加入菠菜汁、清水，搅匀后多次加水，揉成面团。②面团擀成面片后对折擀平，重复操作至面片光滑，再修长方形。③将其卷起,搓成条，切成小剂子，再擀成皮。④面皮中包入白菜馅后对折，再将两端捏紧，制成元宝形生坯。⑤沸水锅中将饺子煮至浮在水面上。⑥将煮好的饺子捞出，装盘即可。

制作指导 和面时，在面粉里可添加少许盐、鸡粉，可使面团更筋道。

西葫芦蛋饺

材料 西葫芦80克，竹笋70克，胡萝卜50克，肉末50克，鸡蛋2个，蒜末、葱花各少许

调料 盐3克，生抽5毫升，芝麻油2毫升，鸡粉、食用油各适量

做法

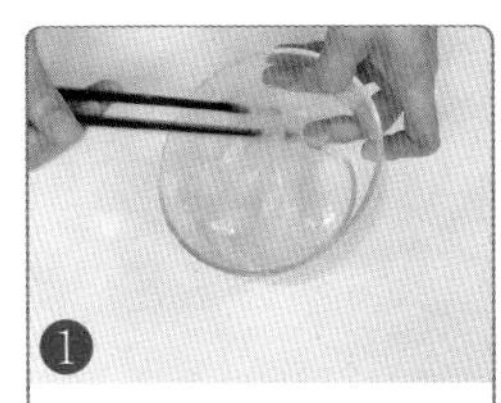

1. 鸡蛋打入碗中，打散，加入少许盐，搅匀。

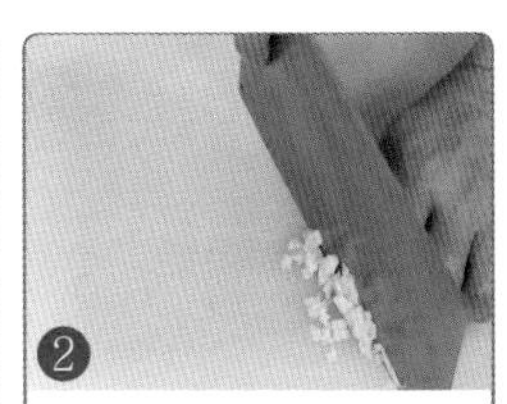

2. 竹笋、胡萝卜、西葫芦均先切成片，再切成丝，改切成粒。

3. 沸水锅中加入盐和切好食材，煮至断生后沥水捞出，备用。

4. 油锅中倒入肉末，放入蒜末和焯好的食材，翻炒均匀。

5. 加入所有的调料，炒匀后将食材盛出，装入碗中。

6. 油锅中倒入蛋液。煎成蛋皮后取适量馅料放入其中。

7. 将蛋皮对折，小火煎制蛋饺成形，用锅铲去除其多余部分。

8. 盛出煎好的蛋饺，装入盘中，撒上葱花即可。

马蹄胡萝卜饺子

材料 马蹄100克，胡萝卜120克，熟猪油20克，饺子皮数张

调料 盐2克，鸡粉2克，芝麻油3毫升

做法

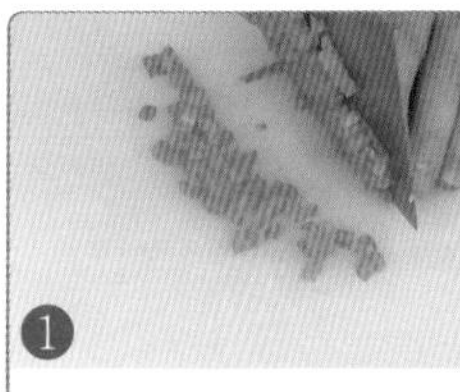

1 洗净去皮的马蹄、胡萝卜均先切片，再切条，改切成粒。

2 沸水锅中放入胡萝卜、马蹄，煮至断生后沥水捞出即可。

3 马蹄和胡萝卜中，加入调料拌匀，制成胡萝卜马蹄馅。

4 取饺子皮，将适量馅料放在饺子皮上。

5 在饺子皮边缘沾水，收口捏紧呈褶皱花边，制成生坯。

6 将饺子生坯放在刷有油的蒸盘上，再将其放入蒸锅中。

7 盖上盖，用大火蒸4分钟，至饺子生坯熟透。

8 揭开盖，取出蒸好的饺子。装入盘中即可。

芹菜饺

材料 芹菜末30克，沙葛末30克，肉末40克，小麦淀粉、生粉各150克，水100毫升

调料 盐2克，细砂糖5克，生粉5克，蚝油8克，猪油8克，味精1克

做法 ①将所有食材加入调料拌匀。②小麦淀粉和生粉入碗，注水，拌匀，再倒热水拌匀呈糊状。③面糊倒在操作台上，揉成团后搓条，切段擀薄。④放馅料，捏成三角形。⑤芹菜饺放入垫有油纸的蒸笼中。⑥蒸笼入锅蒸熟即成。

制作指导 在拌馅之前，最好加入少许芝麻油，这样不容易出水。

韭菜猪肉水饺

材料 高筋面粉100克，冷水50毫升，低筋面粉150克，热水100毫升，韭菜末300克，五花肉碎200克，冬菇末50克，姜末适量

调料 盐2克，糖、味精、猪油、色拉油、生粉各适量

做法 ①高筋面粉、低筋面粉混匀。②先后加入热、冷水揉成面团。③五花肉碎中加入剩余食材和调料，拌匀成馅。④面团搓条，扯出小剂子，再将其擀薄。⑤面皮中包入馅料，边沿折叠捏紧。⑥沸水中将饺子煮熟，装盘即成。

制作指导 肉末一定要先打上劲再加料，而且要朝一个方向搅动。

猪肉韭菜蒸饺子

材料 高筋面粉50克，低筋面粉200克，肉末200克，韭菜粒100克

调料 盐5克，味精、鸡粉、白糖、蚝油、生抽、芝麻油、食用油各适量

做法

① 取碗，放入肉末、韭菜粒、调料，拌匀，制成韭菜肉馅。

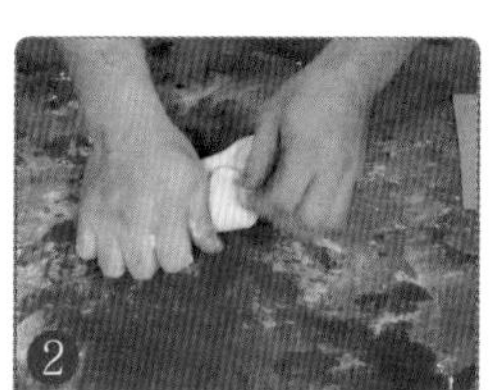

② 高筋面粉、低筋面粉混匀后加入热水、盐等揉成面团。

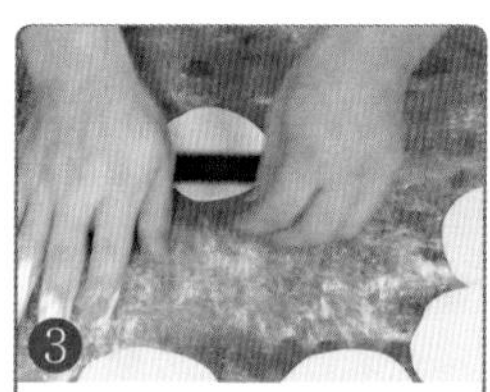

③ 面团擀成面片后反复对折擀平，将其制成剂子，擀成皮。

④ 取肉馅，放入饺子皮中，收口捏紧，制成饺子生坯。

⑤ 将饺子生坯放在刷有油的蒸盘上，再放入蒸锅中大火蒸熟。

⑥ 把蒸熟的饺子取出，装入盘中即可。

制作指导 饺子皮包入肉馅时，一定要捏紧。因为饺子入蒸锅蒸时，封口不紧实会使其破裂，影响成品的外观。

营养功效 韭菜含有的含硫化合物具有降血脂及扩张血脉的作用，且有助于人体提高自身免疫力。

牛肉饺子

材料 低筋面粉250克，高筋面粉250克，牛肉末80克，香菜20克，葱花10克，上汤500毫升，姜末、葱末各少许

调料 盐6克，味精、鸡粉、白糖、蚝油、胡椒粉各适量

做法 ①牛肉末中加调料、姜末、葱末，拌匀成馅。②将高筋面粉、低筋面粉混合加盐、清水，揉成面团。③再将其擀成方形饺子皮。④包入肉馅后由短边卷起，两端捏紧，制成生坯。⑤沸水锅中大火将其煮熟，捞出装盘。⑥浇上配好的上汤即可。

制作指导 锅中的清水一定要煮沸后再放入馄饨，否则会把生坯煮破，影响成品的观感。

玉米鲜虾水饺

材料 低筋面粉250克，高筋面粉250克，虾仁20克，香菇末50克，肉末100克，香菜20克，葱花10克，上汤500毫升，鲜玉米粒70克

调料 盐、味精、鸡粉、白糖、蚝油、生抽、芝麻油、胡椒粉、食用油各适量

做法 ①肉末加入其他食材和调料拌匀，制成香菇肉馅。②再与焯过水的玉米粒混匀。③将高筋面粉、低筋面粉混匀后制成饺子皮。④面皮中包入肉馅制成生坯。⑤入沸水中煮熟。⑥浇入配好的上汤即可。

制作指导 饺子煮熟后，先用笊篱把饺子捞入温开水中浸一下，再装盘，就不会粘在一起了。

韭菜猪肉煎饺

材料 高筋面粉、冷水、低筋面粉、热水、韭菜末、五花肉碎、冬菇末、姜末各适量

调料 盐2克，色拉油、糖、味精、猪油、鸡粉各适量

做法

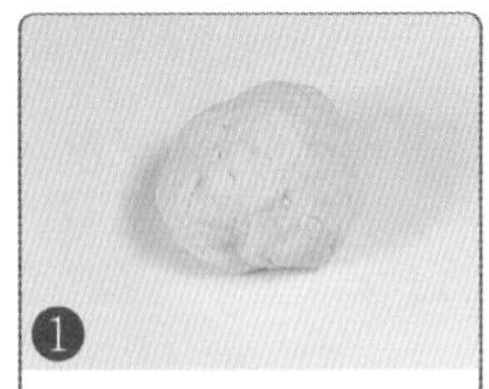

① 高筋面粉、低筋面粉混匀后先后加入热、冷水，揉搓成面团。

② 五花肉碎加入调料、姜末、冬菇末，拌匀成肉馅。

③ 将生粉分三次加入并倒入油、韭菜末，拌匀成馅装入碗中。

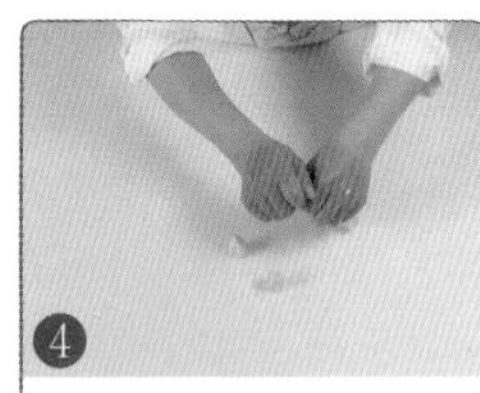

④ 将面皮分半，面团揉成长条状，用手揪成小剂子。

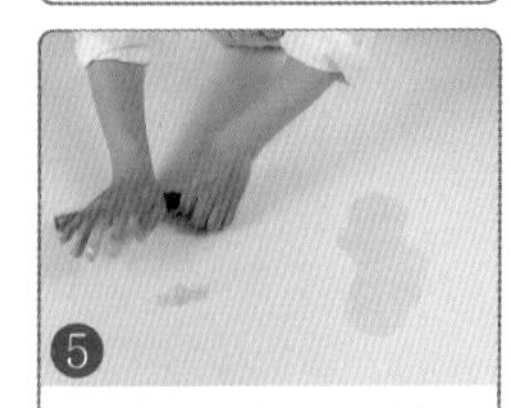

⑤ 用擀面杖将小剂子擀平擀薄成饺子皮。

⑥ 饺子皮中包入馅，对折呈波浪形黏合，放到蒸盘上。

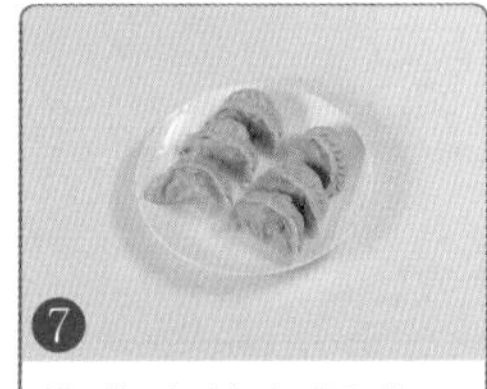

⑦ 将蒸盘放入锅中，大火蒸熟。

⑧ 热油锅中放入韭菜猪肉饺子，煎至金黄，直接装盘即成。

鲜虾饺

材料 澄面100克，生粉60克，水发香菇40克，肉末100克，虾仁100克

调料 猪油5克，盐4克，白糖5克，生抽5毫升，鸡粉3克，胡椒粉、芝麻油、食用油各适量

做法 ①香菇切粒，待用。②虾仁加调料腌渍洗净后拍扁切粒。③肉末中加入调料、清水、切好食材，拌匀成馅。④澄面中加盐、水、生粉、猪油，揉匀成面团。⑤面团制成皮。⑥包入馅料制成生坯。⑦入蒸锅蒸熟取出装盘即可。

制作指导 将鲜虾饺生坯锁花边时应朝同一方向捏出花边。

鸡肉白菜饺

材料 饺子皮170克，鸡肉60克，白菜75克，芹菜20克，鸡蛋清少许，葱花适量

调料 盐、鸡粉、生抽各少许，生粉10克，芝麻油、食用油各适量

做法 ①芹菜切末；白菜剁碎。②切好的白菜中加盐拌匀，挤出水分待用。③鸡肉末中，加入调料和切好的食材，拌匀，制成肉馅。④取饺子皮，包入馅料，对折后用蛋清封口，制成生坯。⑤沸水锅中用大火将生坯煮熟。⑥加入调料，转小火使其熟透。⑦关火盛出，撒上葱花即可。

制作指导 饺子皮放入肉馅后要包紧，以免煮破，影响成品口感和外观。

香菜云吞

材料 低筋面粉250克，高筋面粉250克，肉末100克，葱花10克，香菜30克，上汤500毫升

调料 盐6克，味精、鸡粉、蚝油、白糖、生抽、胡椒粉、芝麻油各适量

做法

1. 肉末中加盐，顺一个方向快速拌匀，至肉末起浆上劲。

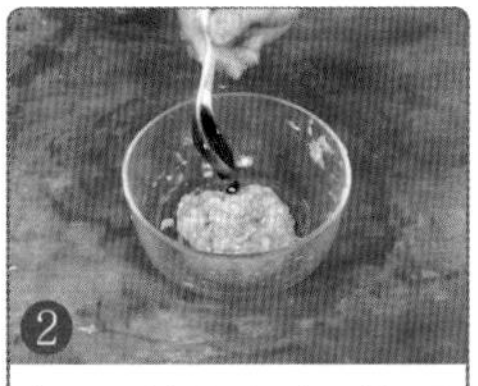

2. 加调料和切好的香菜末，拌匀，制成云吞肉馅。

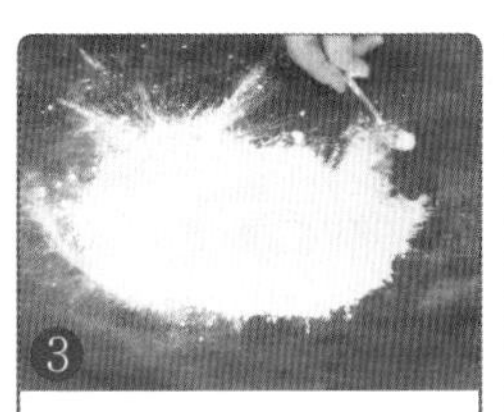

3. 将高筋面粉、低筋面粉加盐、清水，揉搓成光滑的面团。

4. 用擀面杖将其团擀成面片，再多次对折擀平，使其成薄长片。

5. 修整好的云吞皮中包入肉馅后从短边卷起，捏紧制成生坯。

6. 沸水锅中倒入云吞，煮沸加入后大火将其煮至浮在水面上。

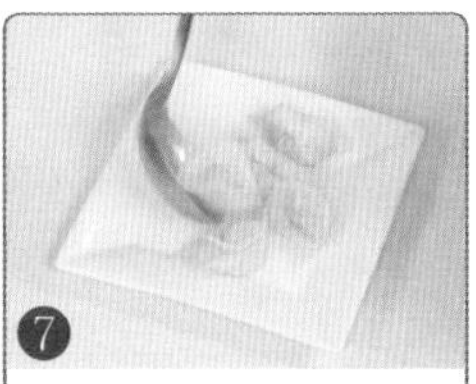

7. 将煮好的云吞捞出装盘，放入洗净的香菜、葱花。

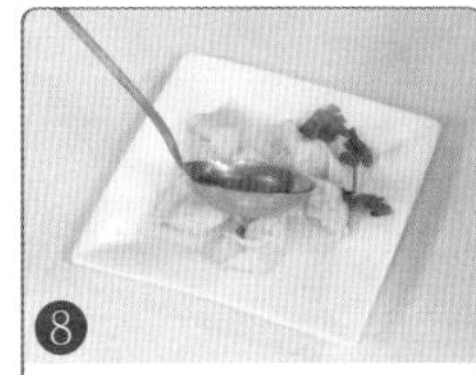

8. 在煮好的上汤中加入调料，再将其倒在云吞上即可。

猪肉云吞

材料 低筋面粉250克，高筋面粉250克，肉末100克，葱末、姜末各少许，香菜20克，葱花10克，上汤500毫升

调料 盐6克，味精、白糖、鸡粉、蚝油、胡椒粉、芝麻油各适量

做法 ①肉末中加调料、姜末、葱末拌匀，制成肉馅。②高筋面粉、低筋面粉混匀加盐、水，揉成面团。③面团制成方形云吞皮。④包入肉馅，由短边卷起，两端捏紧，制成生坯。⑤沸水中将其煮熟，捞出装盘。⑥浇上配好的上汤即可。

制作指导 面团静置10多分钟后，再揉搓，会使面团更加光滑，有弹性。

三鲜云吞

材料 低筋面粉250克，高筋面粉250克，虾仁20克，香菇末50克，肉末100克，香菜20克，葱花10克，上汤500毫升

调料 盐6克，味精、鸡粉、白糖、蚝油、生抽、芝麻油、胡椒粉各适量

做法 ①肉末中加调料和其余食材，拌匀，制成肉馅。②将高、低筋面粉加盐、水，揉成面团。③将面团擀成面片。④修成云吞皮，包入肉馅，由短边卷起，两端捏紧，制成生坯。⑤沸水中将其煮熟。⑥捞出装盘后浇上配好的上汤即可。

制作指导 泡发香菇时，不要用开水，以免使其营养流失。选用温水或者加入盐来泡发，可缩短时间。

香菇鸡肉云吞

材料 鸡胸肉200克，鲜香菇40克，生姜15克，云吞皮数张

调料 盐1克，鸡粉2克，酱油2毫升，芝麻油3毫升，料酒10毫升

做法

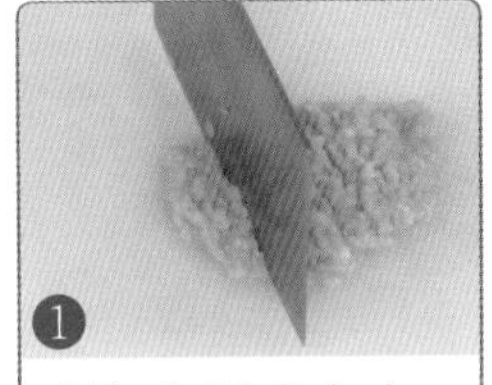

鸡胸肉剁成肉末；香菇切粒；去皮洗净的生姜剁成末。

将生姜装入碟中，加少许料酒，浸渍片刻，制成姜汁。

鸡肉末中加入调料、香菇，拌匀后制成香菇鸡肉馅料。

云吞皮的边缘沾水，包入馅料，收口捏紧，制成云吞生坯。

将云吞生坯放入刷有油的蒸盘中再将其放入烧开的蒸锅中。

盖上盖，用大火蒸5分钟，至云吞生坯熟透。

揭开盖，取出蒸好的云吞。

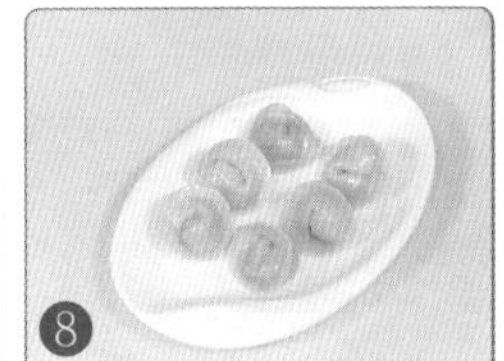

将云吞装入盘中即可。

Part 7

百变多样的粥点

粥，也称糜，是一种把稻米、小米或玉米等粮食煮成的稠糊状的食物，有着悠久的历史，在中国人心中的地位更是超过了世界上任何一个民族。平日里适当地喝点粥，不但能促进消化，还能预防受寒感冒，是最温暖的餐桌美食。

红豆南瓜粥

材料 水发红豆85克，水发大米100克，南瓜120克

做法 ①洗净去皮的南瓜切厚块，再切条，改切成丁，备用。②砂锅中注入适量清水烧开，倒入洗净的大米，加入洗好的红豆，搅匀。③盖上盖，用小火煮30分钟，至食材软烂。④揭开盖，倒入南瓜丁，搅拌匀。⑤再盖上盖，用小火续煮5分钟，至全部食材熟透。⑥将煮好的红豆南瓜粥盛出，装入碗中即可。

制作指导 用水发大米和水发红豆来烹饪此粥，口感会更加绵软，很适合老人食用。

菠菜银耳粥

材料 菠菜100克，水发银耳150克，水发大米180克

调料 盐2克，鸡粉2克，食用油适量

做法 ①洗净的银耳切去黄色根部，再切小块，洗好的菠菜切段。②砂锅中注入清水烧开，倒入泡好的大米，搅拌匀。③盖上盖，烧开后用小火煮30分钟至大米熟软。④揭盖，放入银耳拌匀。盖好盖，续煮15分钟至食材熟烂。⑤揭盖，放入菠菜，倒入食用油、鸡粉、盐，拌匀。⑥煮好的粥盛入碗中即可。

制作指导 银耳淡黄色的部分是不宜食用的，否则可能会引发不良反应。

蔬菜粥

材料 水发大米160克，黄瓜35克，胡萝卜25克，火腿肠45克，洋葱30克，姜末少许

调料 盐少许

做法 ①洗净的胡萝卜切小块；洗好的洋葱切小块；洗净的黄瓜切小丁块；火腿肠切丁。②砂锅注入清水烧开，倒入洗净的大米拌匀，再煮至大米熟软。③倒入胡萝卜、洋葱、黄瓜。④倒入姜末、火腿丁，续煮至食材熟透。⑤加盐拌煮入味。⑥煮好的粥盛入碗中即可。

制作指导 所有食材最好都切得小一些，这样更易入味。

胡萝卜南瓜粥

材料 水发大米80克，南瓜90克，胡萝卜60克

调料 盐2克

做法 ①洗好的胡萝卜切薄片，切细丝，再切粒。②洗净去皮的南瓜切片，再切丝，改切粒。③砂锅中注入清水烧开，倒入洗净的大米，搅拌均匀。④放入切好的南瓜、胡萝卜，加入盐，搅拌均匀。⑤盖上盖，烧开后用小火煮约40分钟至食材熟软。⑥关火盛出煮好的粥，装入碗中即可。

制作指导 若不喜欢胡萝卜的味道，可将其焯一下水，这样会减弱其味道。

西蓝花胡萝卜粥

材料 西蓝花60克，胡萝卜50克，水发大米95克

做法 ①汤锅注水烧开，倒入西蓝花，煮至断生，捞出，切碎，剁成末。②洗净的胡萝卜切片，再切丝，改切粒。③汤锅中注水烧开，倒入水发好的大米，拌匀。④盖上盖，用小火煮30分钟至大米熟软。⑤揭盖，倒入胡萝卜，用小火煮5分钟至食材熟透。⑥放入西蓝花，煮沸，将煮好的粥盛出装碗即可。

制作指导 要选用颜色翠绿、花形浑圆、色泽鲜艳的西蓝花，口感会更好。

南瓜莲子荷叶粥

材料 南瓜90克，水发莲子80克，水发大米40克，冰糖40克，枸杞12克，干荷叶10克

做法 ①洗净去皮的南瓜切小丁块；洗好的莲子去除莲心。②锅中注入清水烧开，放入洗净的干荷叶和莲子。③倒入洗好的大米和洗净的枸杞，搅匀煮沸后转小火煮约30分钟至米粒变软。④倒入南瓜丁和冰糖，搅匀，小火续煮约10分钟至冰糖溶化。⑤关火后搅拌几下。⑥盛出煮好的莲子荷叶粥，装碗即成。

制作指导 莲子泡发好后，可用清水多冲洗几次，这样更容易取出莲心。

黄花菜芋头粥

材料 水发大米110克，水发黄花菜100克，香芋、猪瘦肉各90克，葱花少许

调料 盐3克，鸡粉2克，水淀粉、芝麻油、食用油各适量

做法 ①香芋切小丁块；黄花菜去根部切段；猪瘦肉切丁，加盐、鸡粉、水淀粉、油腌渍。②锅中注入清水烧开，倒入大米煮软。③倒入黄花菜和香芋丁煮熟。④倒入肉丁煮熟，加盐、鸡粉调味。⑤淋入芝麻油，续煮入味。⑥将煮好的芋头粥盛入碗中，撒葱花即成。

制作指导 黄花菜泡开后最好再用清水冲洗几遍，这样更容易清除其中的杂质。

黄瓜粥

材料 黄瓜85克，水发大米110克

调料 盐1克，芝麻油适量

做法 ①洗净的黄瓜切开，再切成细条状，改切成小丁块，备用。②砂锅注水烧开，倒入洗净的大米，拌匀。③盖上锅盖，煮开后用小火煮30分钟。④揭开锅盖，倒入切好的黄瓜，拌匀，煮至沸。⑤加入少许盐，淋入适量芝麻油。⑥搅拌均匀，至食材入味。⑦关火后盛出煮好的粥即可。

制作指导 黄瓜不要煮太久，以免破坏其营养和口感。

豇豆粳米粥

材料 豇豆仁80克，水发大米150克，葱花少许

调料 盐、鸡粉各2克

做法 ①砂锅中注入适量清水烧开。②倒入洗净的豇豆仁。③放入洗好的大米，搅拌匀，使米粒散开。④盖上盖，煮沸后用小火煮约1小时，至米粒熟透。⑤揭盖，加入少许盐、鸡粉，拌匀调味。⑥转中火续煮片刻，至米粥入味。⑦关火后盛出煮好的粥。⑧装入汤碗中，放上葱花即可。

制作指导 煮的中途最好搅拌几次，以免食材粘在锅底，以致产生煳味。

玉米红薯粥

材料 玉米碎120克，红薯80克

做法 ①洗净去皮的红薯切成块，再切成条，改切成粒，装入碗中，备用。②砂锅中注入适量清水，用大火烧开。③倒入洗净的玉米碎。④加入切好的红薯，搅拌匀。⑤盖上盖，用小火煮20分钟，至食材熟透。⑥揭开盖，搅拌均匀。⑦关火后将煮好的粥盛出，装入碗中即可。

制作指导 出锅前用锅勺沿同一方向搅拌，可以避免食材粘锅。

芋头红薯粥

材料 香芋200克，红薯100克，水发大米120克

做法 ①洗净去皮的红薯切厚块，再切条，改切丁。②洗净去皮的香芋切厚块，再切条，改切丁。③砂锅注入清水烧开，倒入大米搅匀。④盖上盖，烧开后用小火煮30分钟至米粒熟软。⑤揭盖，放入香芋、红薯，拌匀，用小火续煮15分钟至食材熟透。⑥揭盖，拌匀，盛出煮好的粥，装入汤碗中即可。

制作指导 煮粥时多用锅勺搅拌几次，让芋头的黏液成分析出，这样成品更浓稠。

芋头粥

材料 水发大米80克，芋头170克

做法 ①洗净去皮的芋头切成薄片，再切成细丝，改切成粒，备用。②砂锅中注入适量清水烧开，倒入洗净的大米，搅拌片刻。③倒入芋头粒，搅拌均匀。④盖上锅盖，烧开后用小火煮约40分钟至食材熟软。⑤揭开锅盖，略搅片刻。⑥关火后将煮好的粥盛出，装入碗中即可。

制作指导 大米在熬煮时，会吸收水分，所以水不要加少了，以免煳锅。

糯米红薯粥

材料 水发红豆90克，糯米65克，板栗肉85克，红薯100克

调料 白糖7克

做法 ①取榨汁机，倒入糯米，磨成糯米粉装碗；红豆倒入榨汁机磨成末装碗。②红薯切薄片，板栗肉切小块，分别入蒸锅蒸熟，晾凉。③放凉的红薯剁末；放凉的板栗切丁。④锅注水烧热，倒糯米粉煮沸后放红豆粉，拌匀变稠。⑤倒板栗丁和红薯末，拌煮成米糊。⑥撒白糖，再煮片刻，盛出装碗即可。

制作指导 将红豆泡开、沥干水分后再放入搅拌机，磨出的红豆粉不仅细腻，而且口感也很松软。

紫薯麦片粥

材料 紫薯120克，燕麦80克，大米100克

做法 ①洗好的紫薯切成片，再切条，改切丁。②砂锅中注入清水烧开。倒入洗净的大米，搅散，再加入洗好的燕麦，拌匀。③盖上盖，用小火煮30分钟，至食材熟软。④揭开盖子，倒入切好的紫薯，搅拌匀。⑤再盖上盖，用小火续煮15分钟，至全部食材熟透。⑥出锅前用锅勺搅拌片刻，防止粘锅，关火后把煮好的粥盛出，装入汤碗中即可。

制作指导 紫薯要切成小丁，这样更容易煮熟，节省烹饪时间。

瓜子仁南瓜粥

材料 瓜子仁40克，南瓜100克，水发大米100克

调料 白糖6克

做法 ①洗净去皮的南瓜切厚片，再切小块。②煎锅烧热，下瓜子仁炒熟，把炒好的瓜子仁盛入盘中。③砂锅注入清水烧开，倒入洗好的大米，搅散。④盖上盖，用小火煮30分钟至熟，揭盖，倒入南瓜块拌匀。⑤再盖上盖，小火续煮15分钟至熟。⑥揭盖，放入白糖拌匀，把煮好的粥装碗，撒瓜子仁即可。

制作指导 炒瓜子仁时要不断翻动避免炒煳，瓜子仁会发苦。

板栗粥

材料 板栗肉90克，水发大米120克

调料 盐2克

做法 ①将洗好的板栗切片，切成条，再切碎，装入碗中，备用。②锅中注入适量清水，倒入板栗末，盖上盖，用大火煮沸。③揭盖，下入水发好的大米，搅拌匀。④盖上盖，用小火煮30分钟至大米熟烂。⑤揭盖，加入适量盐，拌匀调味。⑥关火，盛出煮好的粥，装入碗中即可。

制作指导 要选用颗粒饱满、呈深褐色、无霉变、无虫害的板栗，更有利于健康。

核桃木耳粳米粥

材料 大米200克，水发木耳45克，核桃仁20克，葱花少许

调料 盐2克，鸡粉2克，食用油适量

做法 ①将洗净的木耳切成小块，装入盘中，待用。②砂锅中注入适量清水，用大火烧开，倒入泡发好的大米，拌匀。③放入木耳、核桃仁，加少许食用油，搅拌匀。④盖上盖，用小火煲30分钟，至大米熟烂。⑤揭盖，加入适量盐、鸡粉，用勺拌匀调味⑥将煮好的粥盛出，装入碗中，撒上葱花即成。

制作指导 核桃仁入锅前，可以先切成小块，这样可加速核桃仁熟烂，也利于消化吸收。

榛子枸杞桂花粥

材料 水发大米200克，榛子仁20克，枸杞7克，桂花5克

做法 ①砂锅中注入清水烧开，倒入洗净的大米，搅拌均匀，使米粒散开。②盖上盖，煮沸后用小火煮约40分钟至大米熟透。③揭盖，倒入备好的榛子仁、枸杞、桂花，拌匀。④盖上盖，用小火续煮15分钟，至米粥浓稠。⑤揭盖，搅拌均匀。⑥关火后将煮好的粥装入碗中即可。

制作指导 大米不宜泡太久，以免流失营养成分。

榛子莲子燕麦粥

材料 水发莲子60克，榛子仁20克，水发燕麦80克

做法 ①砂锅中注入适量的清水，用大火烧开。②倒入备好的水发莲子、榛子仁，放入洗净的水发燕麦。③盖上盖子，再用大火煮沸后，转用小火煮1小时，至全部食材熟透。④揭开盖子，用锅勺搅拌均匀，再续煮片刻。⑤关火后，将煮好的榛子莲子燕麦粥盛出，装入碗中即可。

制作指导 可使用锅盖带气孔的砂锅，这样可防止粥煮沸后溢出。

栗子小米粥

材料 水发大米150克，水发小米100克，熟板栗80克

做法 ①把熟板栗切小块，再剁成细末，备用。②砂锅中注入适量清水烧开。③倒入洗净的大米。④再放入洗好的小米，搅匀，使米粒散开。⑤盖上盖，煮沸后用小火煮约30分钟，至米粒熟软。揭盖，搅拌匀，续煮片刻。⑥关火后盛出煮好的米粥，装入汤碗中，撒上熟板栗末即成。

制作指导 用剪刀在新鲜栗子平的一面先剪出一个口，可轻松剥除外皮。

榛子米粥

材料 榛子45克，水发小米100克，水发大米150克

做法 ①将榛子放入杵臼中，研磨成碎末。②将研碎的榛子末倒入小碟子中，备用。③砂锅中注入适量清水烧开。④倒入洗净的大米，放入洗好的小米，搅拌均匀。⑤盖上盖，用小火煮40分钟，至米粒熟透。揭开锅盖，搅拌片刻。⑥关火后盛出煮好的粥，装入碗中，放入备好的榛子碎末，待稍微放凉后即可食用。

制作指导 搅拌米粥时，一定要搅拌至锅底，以免米粒粘锅。

芝麻杏仁粥

材料 水发大米120克，黑芝麻6克，杏仁12克

调料 冰糖25克

做法 ①锅中注入清水烧热。②放入洗净的杏仁，倒入泡好的大米，搅匀。③再撒上洗净的黑芝麻，轻轻搅拌几下，使食材散开。④盖上盖子，用大火煮沸，再转小火煮约30分钟至米粒变软。⑤取下盖子，放入备好的冰糖，轻轻拌匀，用中火续煮一会儿至糖分溶化。⑥盛出煮好的粥，装在碗中即成。

制作指导 杏仁要先用水泡12小时，以便煮粥时其性味更容易散发出来。

芝麻猪肝山楂粥

材料 猪肝150克，水发大米120克，山楂100克，水发花生米90克，白芝麻15克，葱花少许

调料 盐、鸡粉各2克，水淀粉、食用油各适量

做法 ①将山楂切小块；猪肝切薄片，加盐、鸡粉、水淀粉、食用油腌渍。②砂锅注入清水烧开。③倒入大米和花生米搅散煮熟。④倒入山楂和白芝麻，煮熟。⑤放入猪肝煮至变色，加盐、鸡粉煮入味。⑥盛出装碗，撒葱花即成。

制作指导 腌渍猪肝时可淋入少许料酒，不仅能去除其腥味，还能改善粥的口感。

黑芝麻核桃粥

材料 黑芝麻15克，核桃仁30克，糙米120克

调料 白糖6克

做法 ①核桃仁倒入木臼，压碎，倒入碗中。②汤锅注入清水，用大火烧热，倒入洗净的糙米拌匀。③盖上盖，烧开后用小火煮30分钟至糙米熟软。④倒入备好的核桃仁，拌匀，盖上盖，用小火煮10分钟至食材熟烂。⑤揭盖，倒入黑芝麻，加入白糖，搅拌匀，煮至白糖溶化。⑥将粥盛出，装入碗中即可。

制作指导 煮制此粥时，白糖不要放太多，以免成品过甜。

松子仁粥

材料 水发大米110克，松子35克

调料 白糖4克

做法

砂锅中注入适量清水烧开。

倒入洗净的大米，搅拌匀。

加入备好的松子，拌匀。

盖上锅盖，烧开后用小火煮30分钟至食材熟透。

揭开锅盖，加入适量白糖。

搅拌均匀，煮至白糖溶化，盛出煮好的粥，装碗即可。

制作指导 将松子捣成末再煮，口感会更佳。

营养功效 松子含有不饱和脂肪酸、谷氨酸、钙、铁、钾等营养成分，具有强壮筋骨、消除疲劳、软化血管、益智健脑等功效。

果仁粥

材料　花生米100克，核桃仁25克，水发大米100克

调料　白糖适量

做法

1 砂锅注入适量清水烧开，放入洗净的花生米、核桃仁。

2 倒入洗净的大米，搅散。

3 盖上盖，煮40分钟至食材熟透。

4 揭开盖，放入适量白糖。

5 搅拌均匀，煮至白糖溶化。

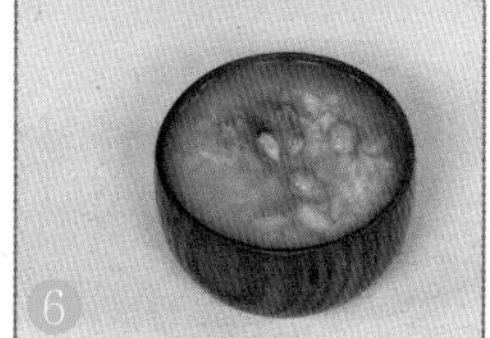

6 关火后出锅，把煮好的果仁粥盛入碗中即可。

制作指导　可将核桃压碎后再下锅煮，味道会更佳。

营养功效　核桃中所含的微量元素锌和锰是脑垂体的重要成分，常食核桃有益于大脑的营养补充，具有健脑益智的作用。

什锦菜粥

材料　小油菜30克，青豆35克，洋葱30克，胡萝卜25克，水发大米110克

调料　盐少许

做法

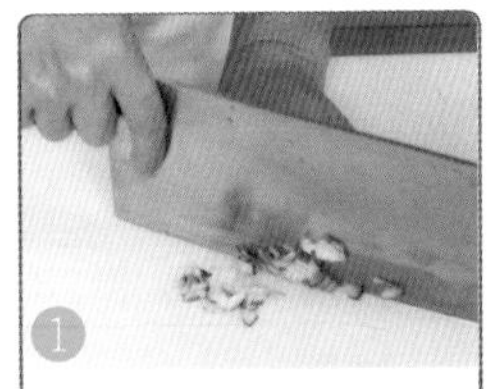

1 洗净的洋葱切粒；洗好的胡萝卜切粒；洗净的小油菜切粒。

2 锅中注入适量清水，倒入备好的大米，拌匀。

3 盖上盖，烧开后用小火煮20分钟至大米熟软。

4 揭开盖，倒入洗好的青豆，再放入胡萝卜。

5 盖上盖，用小火续煮15分钟，至食材熟烂。

6 揭盖，放入洋葱、小油菜，搅拌匀，加盐，拌匀调味。

7 再用小火煮3分钟至食材熟烂。

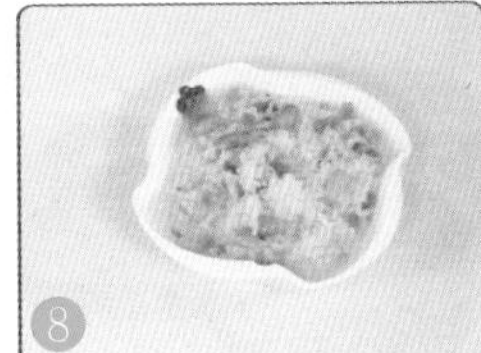

8 将煮好的粥盛出，装入碗中即可。

芦笋糙米粥

材料　水发糙米100克，芦笋90克

调料　盐2克，鸡粉少许

做法

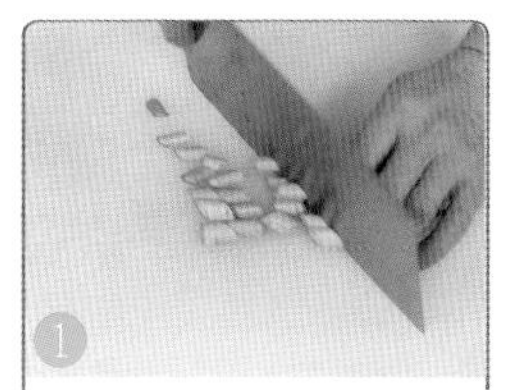

1 将洗净的芦笋切成段状。

2 装入盘中，待用。

3 砂锅中注入适量清水烧开。

4 倒入洗净的糙米，搅拌匀。

5 盖上盖，煮沸后用小火煮约30分钟，至米粒变软。

6 揭盖，倒入切好的芦笋，再加入少许盐、鸡粉。

7 拌匀调味，续煮片刻，至调味料溶于粥中。

8 关火后盛出煮好的芦笋粥，装入汤碗中即成。

果仁燕麦粥

材料 水发大米120克，燕麦85克，核桃仁、巴旦木仁各35克，腰果、葡萄干各20克

做法 ①干果放入榨汁机干磨杯中。套上干磨刀座，再套在榨汁机上。②把干果磨成粉末状，倒出。③砂锅注入清水烧开，倒入洗净的大米搅散。④加入洗好的燕麦，搅匀，用小火煮30分钟至食材熟透。⑤倒入干果粉末和洗好的葡萄干，拌匀，略煮片刻。⑥把煮好的粥盛出装碗，撒上剩余的葡萄干即可。

制作指导 燕麦比较吸水，可以适量少放一些，这样粥的浓稠度会更好。

红豆腰果燕麦粥

材料 水发红豆90克，燕麦85克，腰果40克

调料 冰糖20克

做法 ①热锅注油，烧至四成热时，倒入腰果，炸至金黄色捞出，沥干油。②砂锅注入清水烧开，倒入洗净的燕麦、红豆搅匀。③盖上盖，烧开后用小火煮40分钟至食材熟透。④将腰果倒入杵臼中，捣碎成末，装入盘中。⑤揭开盖，倒入冰糖，拌煮至冰糖溶化。⑥盛出煮好的粥，装入碗中，撒上腰果即可。

制作指导 燕麦不易煮熟，可以适当多煮一会儿。

奶香水果燕麦粥

材料 燕麦片75克，牛奶100毫升，雪梨30克，猕猴桃65克，芒果50克

做法 ①洗净的雪梨去皮，去核，切成小块。②洗好的猕猴桃切开去皮，切小块。③洗净的芒果切开去皮，切小块，备用。④砂锅中注入适量清水烧开。⑤倒入燕麦片，搅拌匀，盖上盖，用小火煮约30分钟至熟。⑥揭盖，倒入牛奶，用中火略煮片刻，倒入切好的水果，搅拌匀，关火后盛出煮好的燕麦粥即可。

制作指导 可根据个人喜好，适当增减水量，以便调节燕麦粥的浓稠度。

果味麦片粥

材料 猕猴桃40克，圣女果15克，燕麦片70克，牛奶150毫升，葡萄干30克

做法 ①将洗净的圣女果对半切开，切成小块，再切成丁。猕猴桃切瓣，去皮，把果肉切成条，再切成丁。②汤锅中注入适量清水，烧热。③放入适量葡萄干。盖上盖，烧开后煮3分钟。④揭盖，倒入牛奶，放入燕麦片。拌匀，转小火煮5分钟至呈黏稠状。⑤倒入部分猕猴桃，搅拌均匀。⑥将粥盛出装碗。放入圣女果和剩余的猕猴桃即可。

制作指导 要选择果实饱满、绒毛尚未脱落的新鲜猕猴桃。

归脾麦片粥

材料 燕麦50克，红枣20克，桂圆肉20克，茯苓15克，党参15克，酸枣仁10克，当归7克

做法

1 砂锅注适量清水大火烧开，放入酸枣仁、党参和当归。

2 加盖，小火煮20分钟。

3 揭盖，捞出酸枣仁和党参药渣。

4 放入红枣、桂圆肉、茯苓。

5 倒入燕麦，拌匀，加盖，小火煮30分钟。

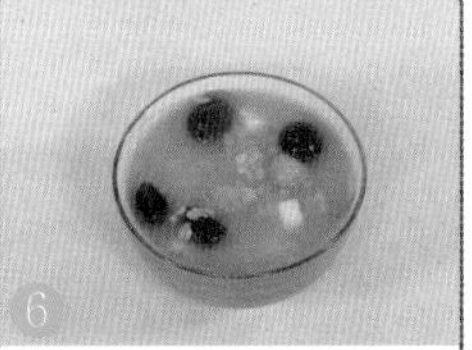

6 揭盖，盛出装入碗中即可。

制作指导 燕麦粥在煮制的过程中容易溢锅，要时刻注意。

营养功效 红枣味甘性温、归脾胃经，含有蛋白质、脂肪、醣类、有机酸、维生素A、维生素C 、微量钙多种营养成分。

红枣南瓜麦片粥

材料 红枣20克，南瓜200克，燕麦片60克

做法

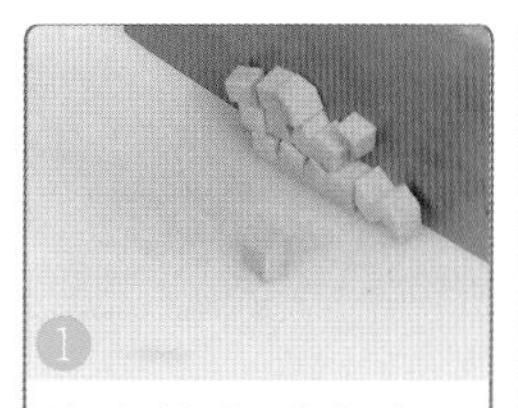

洗净的南瓜去皮，切厚片，再切条，改切成丁，备用。

砂锅中注入适量清水烧开。

放入洗净的红枣，加入燕麦片，搅拌均匀。

盖上盖，用小火煮25分钟。

揭开盖，倒入切好的南瓜，搅拌匀。

再盖上盖，用小火再煮5分钟，至全部食材熟透。

揭盖，用锅勺搅拌片刻。

关火后把煮好的粥盛出，装入汤碗中即可。

枣泥小米粥

材料 小米85克，红枣20克

做法

1. 蒸锅上火，用大火烧沸，放入装有红枣的小盘子。

2. 盖上锅盖，用中火蒸约10分钟至红枣变软。

3. 揭开锅盖，取出蒸好的红枣，晾凉。

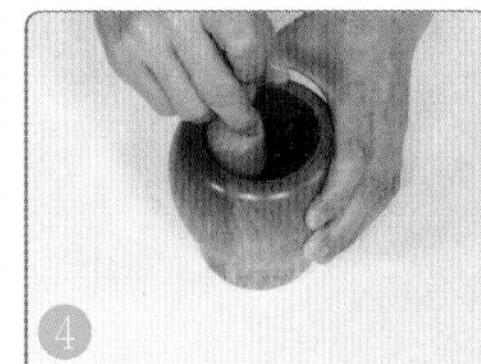

4. 放凉的红枣剁末，倒入杵臼中，捣成泥，盛出待用。

5. 汤锅注入清水烧开，倒入小米，搅拌至米粒散开。

6. 盖上盖子，用小火煮约20分钟至米粒熟透。

7. 取下盖子，搅拌几下，加入红枣泥拌匀，续煮至沸腾。

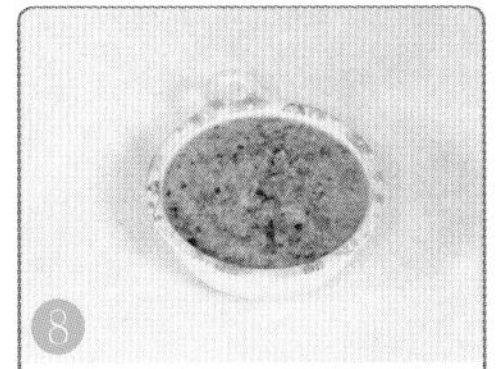

8. 关火后盛出煮好的小米粥，放在小碗中即成。

绿豆凉薯小米粥

材料 水发绿豆100克，水发小米100克，凉薯300克

调料 盐2克

做法

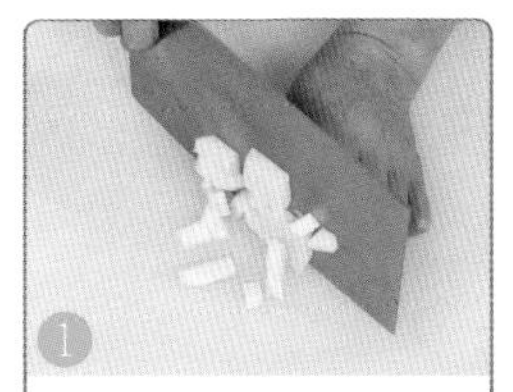

洗净去皮的凉薯切厚块，再切条，改切成丁。

砂锅注入清水烧开，倒入绿豆、小米，搅拌匀。

盖上盖，烧开后用小火煮30分钟，至小米熟软。

揭盖，倒入凉薯搅拌，用小火再煮10分钟至食材熟透。

揭开盖子，加入少许盐，用勺搅拌均匀调味。

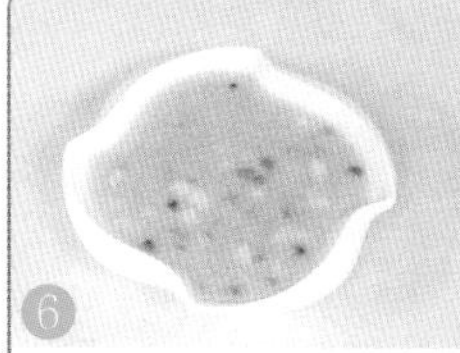

将煮好的小米粥盛出，并装入汤碗中即可。

制作指导 小米粥煮的过程中不宜再加水，开始时可以多加点水。

营养功效 小米含有膳食纤维、B族维生素、钙、硒、锌、镁等营养成分，有抑制血管收缩、降低血压的功效，对脾胃虚弱患者有调养的作用。

小米山药粥

材料　水发小米120克，山药95克

调料　盐2克

做法　①洗净去皮的山药切成厚块，再切成条，改切成丁。②砂锅中注入适量清水，用大火烧开，倒入洗好的小米，放入切好的山药丁，搅拌均匀。③盖上盖，用小火煮30分钟，至食材熟透。④揭开盖，放入适量盐。⑤用勺搅拌片刻，使其入味。⑥盛出煮好的小米粥，装入碗中即可。

制作指导　煮制小米粥时，要先用大火烧开，再转小火煮，这样煮出的粥口感更佳。

枣仁蜂蜜小米粥

材料　水发小米230克，红枣、酸枣仁各少许

调料　蜂蜜适量

做法　①把酸枣仁、红枣洗净。②砂锅中注入适量清水，用大火烧开，倒入酸枣仁。③加盖，用中小火煲约20分钟。④揭盖，捞出酸枣仁，倒入小米。放入红枣，搅拌均匀。⑤加盖，烧开后用小火煮约45分钟。⑥揭盖，加入蜂蜜，拌匀煮化，关火后盛出小米粥，装在小碗中即可。

制作指导　蜂蜜不宜高温久煮，不然养分会被严重破坏。

南瓜子小米粥

材料 南瓜子80克，水发小米120克，水发大米150克

调料 盐2克

做法 ①炒锅烧热，倒入南瓜子，炒出香味。②把炒熟的南瓜子盛出，装入盘中。③取杵臼，倒入炒好的南瓜子，捣碎，并倒入盘中。④砂锅注入清水烧热，倒入洗净的小米、大米，搅匀，烧开后用小火煮30分钟至食材熟透。⑤倒入南瓜子，搅拌匀，放入盐调味。⑥把煮好的粥盛出，装入碗中即可。

制作指导 煮粥时可以沿同一方向搅拌，这样煮出的粥更浓稠。

黑米党参山楂粥

材料 山楂80克，水发黑米150克，党参15克

做法 ①将山楂用清水冲洗干净，沥干水分后，对半切开，去核、去子，再改切成小块，装入碗中，备用。②砂锅中注入适量的清水，用大火烧开，分别放入洗净的党参、切好的山楂块和备好的水发黑米，搅拌均匀，加上锅盖，用大火煮沸后，改小火煮30分钟至食材熟透。③盛出煮好的黑米党参山楂粥，并装入碗中即可。

制作指导 黑米的米粒外部有一层坚韧的种皮包裹，不易煮烂，故黑米应浸泡一夜再煮。

黑米红豆粥

材料 水发黑米120克，水发大米150克，水发红豆50克

做法

1 砂锅中注入适量清水烧开。

2 倒入洗好的红豆、黑米。

3 放入洗净的大米，搅拌均匀。

4 盖上盖，烧开后用小火煮约40分钟至食材熟透。

5 揭盖，搅拌片刻。

6 关火后盛出煮好的粥，装入碗中即可。

制作指导 可根据个人口味加入适量白糖或盐调味。

营养功效 黑米含有蛋白质、维生素E、钙、磷、钾、镁、铁等营养成分，具有改善缺铁性贫血、增强免疫力、降血压等功效。

薏米白果粥

材料 水发薏米40克，大米130克，白果50克，枸杞3克，葱花少许

调料 盐2克

做法

砂锅倒入清水，用大火烧开，放入水发薏米、大米。

用锅勺将锅中的食材搅散。

倒入备好的白果，搅拌匀。

盖上盖，用大火烧开后转小火煮30分钟，至米粒熟软。

揭开锅盖，用汤勺搅拌几下。

放入洗净的枸杞，搅拌均匀。

加入适量盐，搅拌均匀至食材入味。

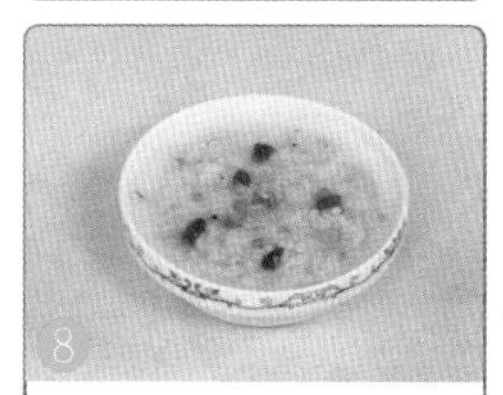
关火，盛出煮好的粥，装入碗中，再放上葱花即可。

薏米红枣荷叶粥

材料 水发大米130克，水发薏米80克，红枣20克，枸杞10克，干荷叶8克

调料 冰糖20克

做法

①砂锅中注入适量清水烧开，放入洗净的干荷叶，搅匀。

②盖上盖，煮沸后用小火煮约15分钟至其释出有效成分。

③揭盖，捞出荷叶，去除杂质。

④倒入洗净的大米、薏米、红枣、枸杞，搅拌匀。

⑤盖上盖，用大火煮沸后转小火续煮30分钟至食材熟透。

⑥取下盖子，放入适量冰糖，快速搅拌均匀。

⑦转中火再续煮一会儿，至糖分完全溶于粥中。

⑧关火后盛出煮好的荷叶粥，装入碗中即成。

薏米核桃粥

材料 水发大米120克，薏米45克，核桃碎20克

做法

砂锅中注入适量清水烧开。

倒入薏米、核桃碎，拌匀，煮沸。

放入大米，拌匀。

加盖，烧开后用小火煲约45分钟。

揭盖，搅拌几下，续煮片刻。

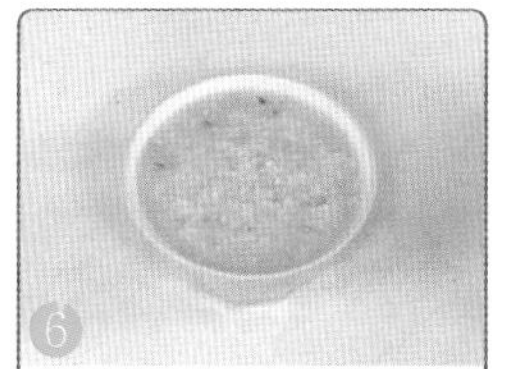

关火后盛出核桃粥即可。

制作指导 有的人喜欢将核桃仁表面的褐色薄皮剥掉，这样会损失掉一部分营养，所以不要剥掉这层薄皮。

营养功效 核桃仁含有较多的蛋白质及人体营养必需的不饱和脂肪酸，这些成分能滋养脑细胞，增强脑功能。

薏米红薯粥

材料 水发薏米100克，红薯150克，水发大米180克

调料 冰糖25克

做法 ①洗净去皮的红薯切块，再切成条，改切成丁，备用。②砂锅中注入适量清水烧开，倒入大米、红薯丁。③放入洗好的薏米，搅拌均匀。④盖上锅盖，烧开后用小火煮40分钟至粥浓稠。⑤揭开锅盖，放入适量冰糖，拌匀，续煮至冰糖溶化。⑥关火后盛出煮好的粥，装入碗中即可。

制作指导 薏米入锅煮开后要及时搅拌，以免煳锅。

薏米红枣菊花粥

材料 水发大米100克，水发薏米80克，冰糖40克，红枣30克，枸杞10克，菊花7克

做法 ①砂锅中注入适量清水烧开，放入洗净的菊花，拌匀。②盖上盖，烧开后小火煮10分钟至散出香味。③揭盖，捞出菊花，再倒入洗净的大米、薏米。④放入洗净的红枣、枸杞拌匀。⑤盖好盖，煮沸后用小火煮30分钟至米粒熟软。⑥取下盖，加入冰糖拌匀，大火续煮至糖溶化，盛出装碗即成。

制作指导 菊花可以用隔渣袋包裹好后再使用，这样能减少粥中的杂质。

薏米莲子红豆粥

材料 水发大米100克，水发薏米90克，水发莲子70克，水发红豆70克

做法 ①砂锅中注入适量的清水，用大火烧开。②倒入洗净的水发大米、水发薏米、水发莲子、水发红豆，搅拌均匀。③盖上盖子，再用大火烧开后，改用小火煮约30分钟，至全部食材软烂。④揭开盖子，用锅勺搅动片刻。⑤关火后，将煮好的薏米莲子红豆粥盛出，装入汤碗中即可。

制作指导 薏米不易熟，可以先用水泡几个小时再煮。

香菇薏米粥

材料 香菇35克，水发薏米60克，水发大米85克，葱花少许

调料 盐2克，鸡粉2克，食用油适量

做法 ①洗净的香菇切成丁，装入碟中。②砂锅注入清水，用大火烧开。放入薏米，倒入大米，搅匀。③再加入食用油，烧开后用小火煮30分钟至食材熟软。④放入香菇，搅匀，用小火续煮10分钟至食材熟烂。⑤放入盐、鸡粉，拌匀调味。⑥盛出煮好的粥，装入碗中，再放上葱花即可。

制作指导 香菇可以切得小一点，这样能使香菇中的营养物质更多地渗入到汤中，使汤味更鲜美。

糙米绿豆红薯粥

材料 水发糙米200克，水发绿豆35克，红薯170克，枸杞少许

做法 ①洗净去皮的红薯切片，再切条，改切成小块。②砂锅中注入适量清水烧开，倒入洗好的糙米，拌匀。③放入洗净的绿豆，搅拌均匀，盖上盖，烧开后用小火煮约60分钟。④揭盖，倒入切好的红薯。撒上枸杞，搅拌均匀。⑤再盖上盖，用小火续煮15分钟至食材熟透，揭盖，搅拌片刻。⑥关火后盛出煮好的粥，装入碗中即可。

制作指导 可以加适量白糖做成甜粥，口感也很好。

糙米糯米胡萝卜粥

材料 糙米、粳米、糯米各60克，胡萝卜100克

调料 盐少许

做法 ①去皮洗净的胡萝卜切丁。②取榨汁机，倒入准备好的糙米、糯米、粳米。③将糙米、糯米和粳米磨成米碎，倒出备用。④杯中放入胡萝卜丁，倒入清水，榨成汁，并倒入碗中。⑤把胡萝卜汁倒入汤锅中，加入米碎，搅匀煮沸，继续搅拌1分半钟，煮成米糊。⑥放入盐拌匀，盛出装碗即可。

制作指导 选择搅拌机的“干磨刀座”将三种米反复地磨几次，可使其制成的米糊口感更滑嫩。

绿豆雪梨粥

材料 水发绿豆100克，水发大米120克，雪梨100克

调料 冰糖20克

做法 ①洗好去皮的雪梨切开，去核，再切块，改切丁。②砂锅注入清水烧开，放入洗净的绿豆、大米，搅拌匀。③盖上盖，烧开后用小火煮30分钟至食材熟软。④揭开盖，倒入切好的雪梨，加入适量冰糖，搅匀，煮至溶化。⑤继续搅拌片刻，使食材味道均匀。⑥关火后盛出煮好的粥，装入碗中即可。

制作指导 一定要用小火炖煮，以免在煮的时候煳锅。

西瓜绿豆粥

材料 水发大米95克，水发绿豆45克，西瓜肉80克

调料 白糖适量

做法 ①西瓜肉切薄片，再切条，改切成小块。②砂锅中注入适量清水烧开，倒入洗好的大米，搅拌匀。③放入洗净的绿豆，搅拌均匀。④盖上盖，烧开后用小火煮约30分钟至食材熟透。⑤揭盖，加入少许白糖，拌匀，煮至溶化。⑥倒入西瓜块，快速搅拌均匀，关火后盛出煮好的粥，装入碗中即可。

制作指导 西瓜不可煮太久，搅拌均匀后即可盛出。

腰豆红豆枸杞粥

材料 腰豆150克，水发红豆90克，水发大米100克，枸杞15克

做法 ①砂锅中注入适量清水烧开。②放入洗好的红豆，加入洗净的大米，搅拌匀。③盖上盖，烧开后用小火煮30分钟，至食材熟软。④揭开盖子，倒入洗净的腰豆，加入洗好的枸杞，混合均匀。⑤盖上盖，用小火再煮2分钟，至腰豆熟软。⑥揭盖，用勺搅拌片刻，以防粘锅。⑦把煮好的粥盛出，装入汤碗中即可。

制作指导 粥煲好略放凉后可以添加少许蜂蜜，拌匀后食用，口感更佳。

三豆粥

材料 水发大米120克，水发绿豆70克，水发红豆80克，水发黑豆90克

调料 白糖6克

做法 ①砂锅中注入适量清水烧开，倒入洗净的绿豆、红豆、黑豆。②倒入洗好的大米，搅拌匀。③盖上锅盖，烧开后用小火煮约40分钟，至食材熟透。④揭开锅盖，加入少许白糖。⑤搅拌匀，煮至白糖溶化。⑥关火后盛出煮好的粥，装入碗中即可。

制作指导 在煮粥时要揭开锅盖搅拌几下，避免煳锅。

木瓜杂粮粥

材料 木瓜110克，水发大米80克，水发绿豆、水发糙米、水发红豆、水发绿豆、水发薏米、水发莲子、水发花生米各70克，玉米碎60克，玉竹20克

做法 ①洗净去皮的木瓜切条，再切小丁块。②砂锅注入清水烧开。③倒入备好的大米、杂粮和洗净的玉竹，搅拌匀。④盖上盖，煮沸后用小火煮约30分钟，至食材熟软。⑤揭盖，倒入木瓜丁，用小火续煮约3分钟，至食材熟透。⑥盛出煮好的杂粮粥，装入汤碗中即成。

制作指导 木瓜块要切得均匀，这样煮粥时才更容易熟透。

细味清粥

材料 水发大米100克，花生米35克，高汤250毫升，姜丝、葱花各少许

调料 盐2克，食用油适量

做法 ①洗好的大米入碗加盐，再倒入食用油，拌匀腌渍。②锅注油烧热，下入花生米，炸1分钟，捞出入盘。③锅中注入清水烧开，放入高汤，再倒入腌好的大米，搅拌至米粒散开。④煮沸后用小火煮30分钟至米粒变软，撒姜丝，拌匀，续煮片刻。⑤盛出煮好的粥，装碗撒葱花，用炸熟的花生米点缀即成。

制作指导 花生米炸好后，趁热撒上少许盐，不仅可以保持其香脆的口感，还能增添粥的风味。

腊八粥

材料 水发糯米135克，水发红豆100克，水发绿豆100克，水发花生90克，红枣15克，桂圆肉30克，腰果35克，冰糖45克，陈皮2克

做法 ①砂锅注入清水烧开，倒入泡发好的糯米和绿豆。②放入洗好的红豆、花生、桂圆肉、腰果、红枣、陈皮，拌匀。③盖上盖，用小火炖40分钟。④揭盖，放入冰糖搅拌。⑤再盖上盖，续煮5分钟。⑥关火后揭盖，搅拌一会儿，盛出煮好的八宝粥，装入碗中即可。

制作指导 在煮粥前，将豆类、花生先用清水泡一晚上，这样炖出的粥更软烂绵滑。

梨藕粥

材料 水发大米150克，水发薏米80克，雪梨100克，莲藕95克

做法 ①洗净去皮的莲藕切厚片，再切条，改切丁。洗好去皮的雪梨切小瓣，去果核，再把果肉切小块。②砂锅注入清水烧开，倒入大米、薏米，拌匀使米粒散开。③煮沸后用小火煮约30分钟，至米粒变软。④倒入莲藕、雪梨，拌匀。⑤用小火续煮约15分钟至食材熟透，轻轻搅拌一会儿。⑥盛出煮好的梨藕粥，装入汤碗，待稍微冷却后即可。

制作指导 大米用温水泡软后再煮成粥，不仅米粒饱满，而且口感也更好。

南瓜木耳糯米粥

材料 水发糯米100克，水发黑木耳80克，南瓜50克，葱花少许

调料 盐、鸡粉各2克，食用油少许

做法 ①洗净去皮的南瓜切片，切条，改切丁；洗净的黑木耳切碎。②砂锅注入清水烧开，倒入洗好的糯米煮沸。③放入黑木耳，烧开后用小火煮30分钟至食材熟软。④倒入南瓜丁拌匀，用小火续煮15分钟至食材熟透。⑤加入盐、鸡粉，淋入食用油，拌煮入味。⑥盛出煮好的糯米粥，装碗撒葱花即可。

制作指导 木耳切好后用温水泡一会儿，能改善成品的口感。

香菇大米粥

材料 水发大米120克，鲜香菇30克

调料 盐、食用油各适量

做法 ①洗好的香菇切成丝，改切成粒，备用。②砂锅中注入适量清水烧开，倒入洗净的大米，搅拌均匀。③盖上锅盖，烧开后用小火煮约30分钟至大米熟软。④揭开锅盖，倒入香菇粒，搅拌匀，煮至断生。⑤加入少许盐、食用油，搅拌片刻至食材入味。⑥关火后盛出煮好的粥，装入碗中，待稍微放凉即可食用。

制作指导 香菇可以先焯煮一下，口感会更佳。

香菇蛋花油菜粥

材料 水发香菇45克，小油菜100克，水发大米150克，鸡蛋1个

调料 鸡粉2克，盐3克，食用油适量

做法 ①洗净的小油菜切瓣，再切粒；发好的香菇切片，改切粒；鸡蛋磕开，取蛋清。②砂锅注入清水烧开，倒入大米，拌匀，烧开后小火煮30分钟至熟。③放入香菇，拌匀。④放入小油菜，淋入食用油，放盐、鸡粉调味。⑤倒入蛋清，搅拌均匀，煮片刻至蛋清熟。⑥煮好的粥盛出，装入碗中即可。

制作指导 小油菜比较宽，应切粒后再放入粥中。

香菇口蘑粥

材料 水发大米150克，口蘑70克，香菇60克，葱花少许

调料 盐、鸡粉各2克

做法 ①洗净的口蘑切小块。②洗好的香菇切丁。③砂锅注入清水烧开，倒入洗好的大米，拌匀。④用大火煮沸后转小火炖煮约30分钟至米粒变软，倒入口蘑、香菇，拌匀，用小火煮约10分钟至全部食材熟透。⑤加入盐、鸡粉调味，续煮至调料溶于粥中。⑥盛出煮好的香菇口蘑粥，装碗撒葱花即成。

制作指导 大米倒入砂锅后，可加入少许食用油拌匀，能使煮熟的米粒口感更佳。

香菇芦笋粥

材料 水发大米100克，芦笋70克，香菇40克，葱花少许

调料 盐、鸡粉各2克，食用油少许

做法 ①洗净的芦笋切段。②洗好的香菇切片，再切小丁块。③砂锅注入清水烧开，倒入洗净的大米，搅拌匀。盖上盖，煮沸后用小火煮约30分钟，至米粒变软。④倒入香菇丁，拌匀，放入切好的芦笋，再加入盐、鸡粉调味。⑤淋入食用油，续煮至食材熟透。⑥盛出煮好的芦笋粥，装碗，撒上葱花即成。

制作指导 芦笋的根部口感较差，切段时最好将其去除，以免影响粥的口感。

奶酪蘑菇粥

材料 肉末35克，口蘑45克，菠菜50克，奶酪40克，胡萝卜40克，水发大米90克

调料 盐少许

做法 ①洗净的口蘑切片，再切丁；洗好的胡萝卜切片，再切粒；洗净的菠菜切粒；奶酪切片，再切条。②汤锅注入清水烧开。③倒入水发大米，拌匀。④放入胡萝卜、口蘑，烧开后转小火煮30分钟至大米熟烂。⑤倒入肉末，拌匀，再下入菠菜煮沸，放入盐调味。⑥把煮好的粥盛入碗中，放上奶酪即可。

制作指导 袋装口蘑食用前一定要多漂洗几遍，以去掉某些残留的化学物质。

木耳山楂排骨粥

材料　水发木耳40克，排骨300克，山楂90克，水发大米150克，水发黄花菜80克，葱花少许

调料　料酒8毫升，盐2克，鸡粉2克，胡椒粉少许

做法　①洗好的木耳切小块；洗净的山楂切小块。②砂锅注入清水烧开，倒入大米搅散。③加入排骨，淋入料酒，搅拌煮沸。④倒入木耳、山楂和黄花菜煮熟。⑤放入盐、鸡粉、胡椒粉调味。⑥盛出煮好的粥，装碗撒葱花即可。

制作指导　排骨煮一会儿后会有浮沫，将其撇去后口感会更好。

双米银耳粥

材料　水发小米120克，水发大米130克，水发银耳100克

做法　①洗好的银耳切去黄色根部，再切成小块，备用。②砂锅中注入适量清水烧开。③倒入洗净的大米，加入洗好的小米，搅匀。④放入切好的银耳，继续搅拌匀。⑤盖上锅盖，烧开后用小火煮30分钟，至食材熟透。⑥揭开锅盖，把煮好的双米银耳粥盛出，并装入汤碗中即可。

制作指导　大米和小米是泡发好的，所以可以适当缩短烹饪时间。

苹果梨香蕉粥

材料 水发大米80克，香蕉90克，苹果75克，梨60克

做法 ①洗好的苹果切开，去核，削去果皮，切片，改切条，再切小丁块。②洗净的梨去皮，切薄片，再切粗丝，改切小丁。③洗好的香蕉剥去皮，果肉切条，改切小丁块，剁碎。④锅中注入清水烧开，倒入大米，拌匀烧开后用小火煮约35分钟至大米熟软。⑤倒入梨、苹果，再放入香蕉，搅拌，略煮片刻。⑥盛出煮好的水果粥，装碗即可。

制作指导 香蕉本身比较软，可以在粥煮好后加入香蕉碎。

面包水果粥

材料 苹果100克，梨100克，草莓45克，面包30克

做法 ①面包切条形，再切小丁块。②洗净的梨去核，去皮，切片，再切丝，改切丁。③洗好的苹果去核，削去果皮，把果肉切片，再切丝，改切丁。④洗净的草莓去蒂，切小块，改切丁。⑤砂锅注入清水烧开，倒入面包块，略煮。⑥撒上梨丁，拌匀，倒入苹果丁，草莓丁，拌匀，用大火煮约1分钟至食材熟软，关火后盛出煮好的水果粥即可。

制作指导 不宜煮太久，以免煮得太烂影响口感。

柿饼粥

材料 水发大米180克，柿饼90克

做法 ①将备好的柿饼切成小块，装入碗中，待用。②砂锅中注入适量的清水，用大火烧开，倒入切好的柿饼块。③放入洗好的大米，轻轻搅拌几下，使米粒散开。④盖上盖，煮沸后用小火煮约30分钟，至米粒熟透。⑤揭盖，搅拌一会儿，转中火略煮，再盛出煮好的柿饼粥。⑥装入汤碗中，待稍微冷却后即可食用。

制作指导 柿饼含有糖分，所以不宜加入白糖来调味，以免此粥的味道太甜。

果蔬粥

材料 大白菜30克，百合15克，雪梨45克，板栗35克，马蹄肉45克，葡萄干20克，水发大米110克

调料 盐少许

做法 ①洗净的马蹄、板栗、去皮雪梨、百合均剁粒，分别装盘。②锅中注入清水烧开，倒入水发大米，拌匀。③用小火煮20分钟至大米熟软。④倒入葡萄干、板栗、雪梨、百合、马蹄和大白菜，用小火煮10分钟至食材熟烂。⑤加盐调味。⑥将煮好的粥盛出装碗即可。

制作指导 煮制此粥时，选用表皮光滑、无虫蛀、无碰撞的雪梨，口感会更佳。

牛奶蛋黄粥

材料 水发大米130克，牛奶70毫升，熟蛋黄30克

调料 盐适量

做法 ①将熟蛋黄切碎，备用。②砂锅中注入适量清水烧开，倒入洗净的大米，搅拌均匀。③盖上盖，烧开后用小火煮约30分钟至大米熟软。④揭开盖，放入熟蛋黄，倒入备好的牛奶，搅拌匀。⑤加入少许盐，搅匀调味。⑥略煮片刻至食材入味。⑦关火后盛出煮好的粥，装入碗中即可。

制作指导 煮粥时要经常搅动食材，以免煳锅。

牛奶面包粥

材料 吐司面包55克，牛奶120毫升

做法 ①将吐司面包先切成细条形，再切成丁状，装入碗中，备用。②砂锅中注入适量的清水，用大火烧开，倒入备好的牛奶。③盖上锅盖，用大火煮沸后，揭开锅盖，倒入切好的面包丁，搅拌均匀，再盖上锅盖，改用小火续煮片刻，至面包丁变软。④揭开锅盖，搅拌一下，关火后盛出煮好的牛奶面包粥即可。

制作指导 牛奶不宜煮太久，以免破坏其营养成分。

肉末豆角粥

材料 水发大米100克，肉末70克，豆角90克

调料 盐2克，鸡粉2克，食用油适量

做法 ①洗净的豆角切成段。②砂锅注入清水，用大火烧开。倒入洗好的大米，搅匀，加入食用油。③盖上盖，用小火煮30分钟，至大米熟软。④揭盖，倒入切好的豆角，再放入肉末，搅匀。⑤盖上盖，用小火煮10分钟，至全部食材熟透。⑥揭盖，放入盐、鸡粉调味。将煮好的粥盛出，装入碗中即可。

制作指导 肉末煮制的时间不能过长，否则会导致肉末营养元素的流失。

肉末西葫芦粥

材料 西葫芦120克，肉末100克，水发大米100克，葱花少许

调料 盐2克，鸡粉2克，芝麻油2毫升

做法 ①洗好的西葫芦切片，再切条，改切丁。②砂锅注入清水烧开，倒入洗净的大米，拌匀，烧开后用小火煮30分钟，至大米熟软。③倒入切好的西葫芦，放入肉末，搅拌均匀。④用小火再煮10分钟至全部食材熟透。⑤加盐、鸡粉，淋入芝麻油，快速搅动。⑥盛出煮好的粥，装入碗中，撒上葱花即可。

制作指导 米粥快熟的时候要不时搅动，以免煳锅。

百合猪心粥

材料 水发大米170克，猪心160克，鲜百合50克，姜丝、葱花各少许

调料 盐3克，鸡粉、胡椒粉各2克，料酒、生粉、芝麻油、食用油各适量

做法 ①洗净的猪心切片装碗，加姜丝、盐、鸡粉。②放料酒、胡椒粉、生粉、食用油腌渍。③砂锅注入清水烧开，倒入大米，煮沸后用小火煲至米粒变软。④倒入百合和腌渍好的材料煮熟。⑤加盐、鸡粉、芝麻油，续煮入味。⑥盛出煮好的粥，装碗撒葱花即成。

制作指导 猪心的腥味较重，腌渍时料酒可适当多加一些。

杏仁猪肺粥

材料 猪肺150克，北杏仁10克，水发大米100克，姜片、葱花各少许

调料 盐3克，鸡粉2克，芝麻油2毫升，料酒3毫升，胡椒粉适量

做法 ①猪肺切块，入水加盐抓净。②锅中注水烧开，加入料酒，倒入猪肺，汆煮捞出装碗。③砂锅注入清水烧开，放入北杏仁，倒入大米，煮至大米熟软。④倒入猪肺和姜片，续煮熟。⑤放入鸡粉、盐、胡椒粉、芝麻油、葱花拌匀。⑥将煮好的粥盛出，装碗即可。

制作指导 猪肺内隐藏大量细菌，必须选用新鲜的猪肺，并且清洗干净后才能烹饪。

鸡丝粥

材料 鸡胸肉85克，胡萝卜40克，水发大米100克，葱花少许

调料 盐3克，鸡粉少许，水淀粉6毫升，食用油7毫升

做法

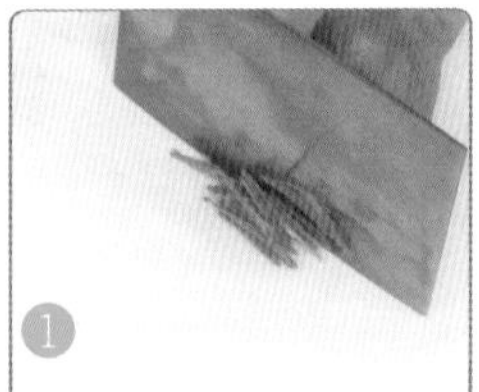

1. 去皮洗净的胡萝卜切细丝；洗净的鸡胸肉切肉丝。

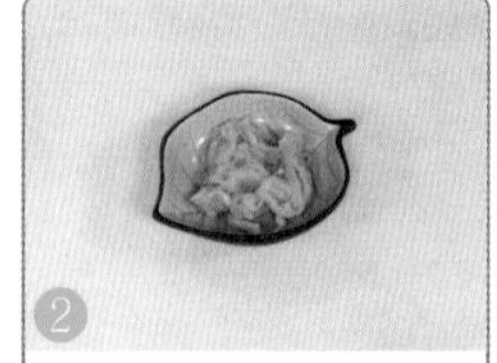

2. 鸡肉丝入碗加入盐、鸡粉、水淀粉、食用油腌渍。

3. 锅中注入清水烧开，倒入洗净的大米，轻轻搅拌。

4. 煮沸后用小火煮30分钟至米粒熟软，倒入胡萝卜丝。

5. 再放入腌渍好的鸡肉丝，轻轻搅动，使其混合均匀。

6. 再用中小火续煮约3分钟，至全部食材熟透。

7. 调入盐、鸡粉，搅拌匀，再煮片刻至入味。

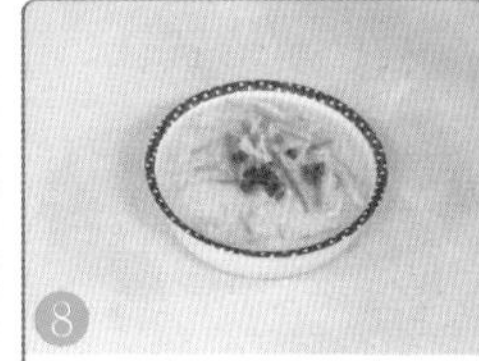

8. 关火后盛出煮好的粥，放在碗中，撒上葱花即成。

白果莲子乌鸡粥

材料 水发糯米120克，白果25克，水发莲子50克，乌鸡块200克

调料 盐3克，鸡粉3克，料酒适量

做法

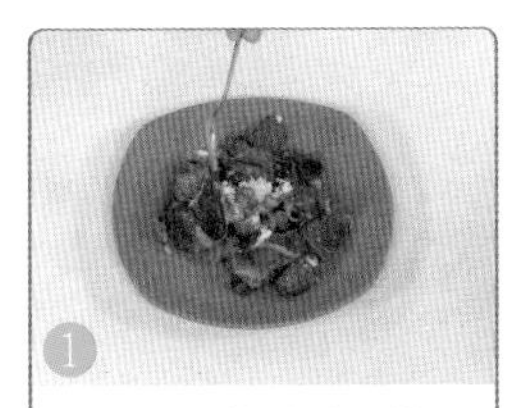

1 乌鸡块装盘加盐、鸡粉、料酒，拌匀，腌渍10分钟。

2 砂锅中注入适量清水烧开。

3 倒入白果、莲子，放入糯米，拌匀。

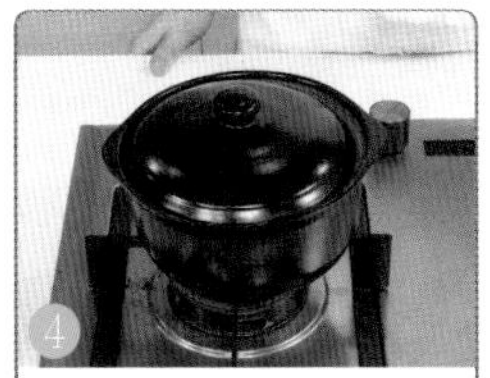

4 加盖，烧开后用小火煮约30分钟。

5 揭盖，倒入乌鸡块，拌匀。

6 加盖，用中火煮约15分钟。

7 揭盖，加盐、鸡粉，拌匀调味。

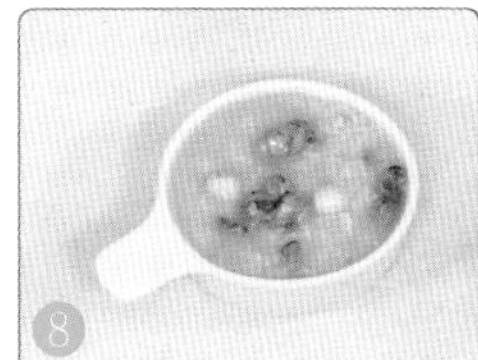

8 关火后盛出煮好的乌鸡粥，装在碗中即可。

鸡蛋瘦肉粥

材料　水发大米110克，鸡蛋1个，瘦肉60克，葱花少许

调料　盐、鸡粉各2克

做法

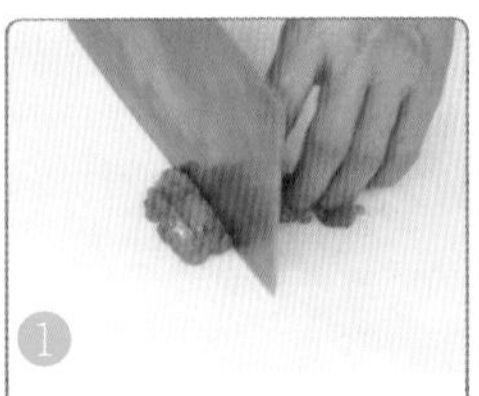

1. 鸡蛋打入碗中，调成蛋液，洗净的瘦肉切碎，剁肉末。

2. 锅中注入清水烧开，倒入大米，搅拌，使米粒散开。

3. 盖上盖子，煮沸后用小火煮约30分钟至米粒变软。

4. 取下盖，放入肉末，快速拌匀，煮片刻至肉末松散。

5. 加入盐、鸡粉，拌匀调味。

6. 再放入蛋液，边倒边搅拌，煮一会儿至液面浮起蛋花。

7. 撒上葱花，搅拌匀至散发出葱香味。

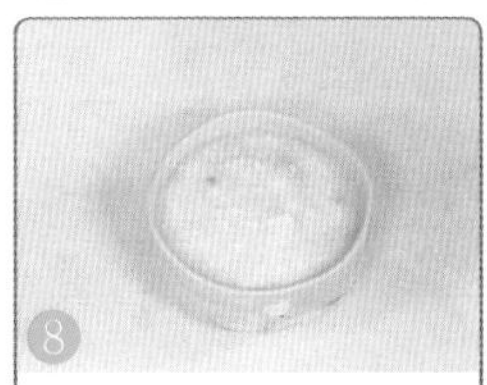

8. 关火后盛出煮好的瘦肉粥，放在碗中即成。

鸡蛋西红柿粥

材料　水发大米110克，鸡蛋50克，西红柿65克

调料　盐少许

做法

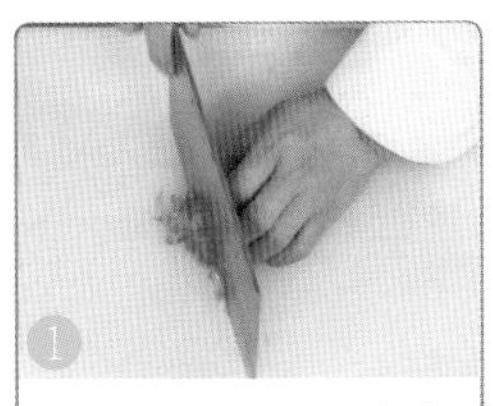

洗好的西红柿切片，再切成条，改切成丁，备用。

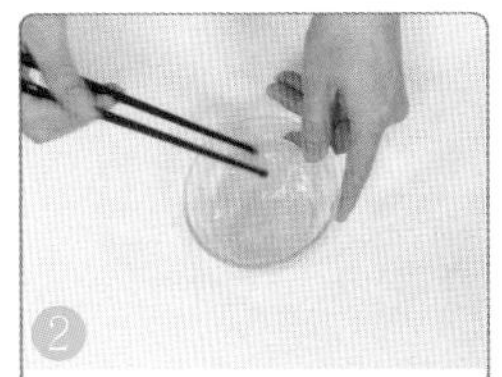

鸡蛋打入碗中，打散调匀，制成蛋液，备用。

砂锅中注入适量清水烧开，倒入洗好的大米，搅散。

盖上锅盖，烧开后用小火煮约30分钟至大米熟软。

揭盖，倒入西红柿丁，盖上盖，转中火煮至西红柿熟。

揭开锅盖，转大火，加入少许盐，搅匀调味。

倒入备好的蛋液，搅拌匀，煮至蛋花浮现。

关火后盛出煮好的粥，并装入汤碗中即可。

蛋黄米糊

材料 咸蛋黄1个，大米65克

调料 盐少许

做法 ①咸蛋黄压碎，剁末，装入小碟。②取榨汁机，选择“干磨刀座组合”，将大米放入杯中，拧紧杯子与刀座，套在榨汁机上，拧紧，将大米磨成米碎。③把磨好的米碎入碗，加入清水，调匀成米浆。④奶锅倒入清水，倒入米浆，搅拌一会儿，调成小火，持续搅拌2分半钟成米糊。⑤加入盐和蛋黄末，拌煮片刻。⑥把煮好的米糊盛出，装碗即可。

制作指导 米糊煮成之后，可以撒上少许水果丁，以此增进孩子的食欲。

韭菜鲜虾粥

材料 韭菜100克，基围虾120克，水发大米170克，姜丝少许

调料 盐3克，鸡粉2克，芝麻油2毫升，食用油少许

做法 ①洗净的韭菜切段，洗好的基围虾去头须和虾脚，背部切开，去虾线。②砂锅注入清水烧开，倒入大米和食用油，拌匀，小火煮软。③下入姜丝和基围虾，小火煮熟。④放入盐、鸡粉调味。⑤倒入韭菜，淋入芝麻油，拌煮。⑥盛出煮好的粥，装碗即可。

制作指导 基围虾入锅后不能煮制过久，而且火力不宜太大，以免影响其鲜嫩口感。

苦菊鱼片粥

材料 水发大米110克，草鱼肉100克，苦菊95克，姜丝、葱花各少许

调料 盐3克，鸡粉、胡椒粉各2克，料酒3毫升，水淀粉、芝麻油各适量

做法 ①草鱼肉切双飞片；苦菊切段。②鱼片入碗加料酒、盐、鸡粉、胡椒粉、水淀粉、芝麻油腌渍。③锅注水烧开，倒大米煮软，放姜丝和鱼片。④加盐、鸡粉，煮至鱼肉七成熟，放苦菊，拌匀至软。⑤放胡椒粉、芝麻油，略煮片刻。⑥盛出，装碗撒葱花即成。

制作指导 草鱼肉可以切得薄一些，这样可使鱼肉更易入味。

鱼肉菜粥

材料 水发大米85克，草鱼肉60克，小油菜50克

调料 盐少许，生抽2毫升，食用油适量

做法 ①小油菜剁末，草鱼肉去皮切丁。②取榨汁机，倒入鱼肉丁，绞至细末。③用油起锅，倒入鱼肉泥，炒散，再加入生抽、盐，炒入味，盛出装碗。④锅注水烧开，放入大米，煮至米粒熟软，倒入鱼肉泥，拌匀。⑤放入小油菜，续煮熟透。⑥盛出煮好的鱼肉粥即成。

制作指导 搅拌鱼肉前要剔除鱼刺，以免幼儿食用时卡到喉咙。

鱼肉海苔粥

材料 鲈鱼肉80克，小白菜50克，海苔少许，大米65克

调料 盐少许

做法 ①小白菜剁末，鱼肉切段去皮，海苔切碎。②取榨汁机，将大米放入杯中，并磨成米碎入碗。③鱼肉入蒸锅蒸熟，取出装碗，用勺子压碎。④置锅火上，注水，倒入米碎，持续搅拌成米糊，加盐，搅匀。⑤调成小火，倒入鱼肉和小白菜，拌煮入味；放入海苔，拌匀。⑥把煮好的米糊装碗即可。

制作指导 制作鱼肉粥时，应尽量选腹部刺较少的鱼肉或容易去刺的鱼肉给宝宝吃。

鱼松粥

材料 鲈鱼70克，小油菜40克，胡萝卜25克，水发大米120克

调料 盐、生抽、食用油各适量

做法 ①锅中注入清水烧开，放入小油菜焯煮捞出。②把装盘的鱼肉、胡萝卜入蒸锅蒸熟。③熟鱼肉去皮去骨剁碎，小油菜剁碎，胡萝卜剁泥。④锅中注入清水烧开，倒入大米，拌匀煮熟，盛出装碗。⑤用油起锅，下鱼肉，加盐、生抽炒香，加小油菜、胡萝卜炒匀。⑥将炒好的材料盛放在粥上即可。

制作指导 此款适宜宝宝食用，烹制时，因宝宝消化系统较弱，故要选用新鲜、无黄萎、无虫迹的嫩小油菜。

紫菜鱼片粥

材料 水发大米180克，草鱼片80克，水发紫菜60克，姜丝、葱花各少许

调料 盐、鸡粉各3克，胡椒粉少许，料酒3毫升，水淀粉、食用油各适量

做法 ①草鱼片装盘加盐、鸡粉、料酒，拌匀。②倒水淀粉和食用油腌渍。③砂锅注入水烧开，倒入大米，拌匀，小火煮至米粒变软。④倒入紫菜和姜丝、盐、鸡粉、胡椒粉，拌匀。⑤倒入腌渍好的鱼肉片，拌匀，大火煮至熟烂。⑥盛出煮好的粥，装碗撒葱花即成。

制作指导 紫菜先用温水泡开再煮，这样可以缩短烹饪的时间。

小油菜鱼肉粥

材料 鲜鲈鱼50克，小油菜50克，水发大米95克

调料 盐2克，水淀粉2毫升

做法 ①洗净的小油菜切丝，再切粒；处理干净的鲈鱼切片。②鱼片装入碗中，放入盐、水淀粉，抓匀，腌渍10分钟至入味。③锅中注水烧开，倒入水发好的大米，拌匀。④盖上盖，用小火煮30分钟至大米熟烂。⑤揭盖，倒入鱼片，搅拌匀。⑥放入小油菜，往锅中加盐调味，盛出煮好的粥，装碗即可。

制作指导 腌渍鲈鱼片时加一些黄酒，不仅能除去鱼的腥味，还能使鱼肉滋味鲜美。

蔬菜三文鱼粥

材料 三文鱼120克，胡萝卜50克，芹菜20克

调料 盐3克，鸡粉3克，水淀粉3克，食用油适量

做法

1 将洗净的芹菜切成粒，去皮洗好的胡萝卜切切成粒。

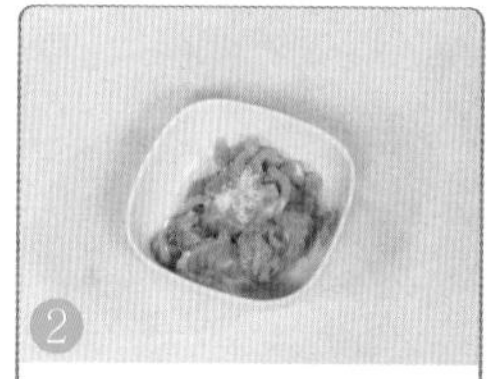

2 洗好的三文鱼切片入碗，放入盐、鸡粉、水淀粉腌渍。

3 锅注水烧开，倒入大米，加食用油，拌匀，慢火煲熟。

4 倒入切好的胡萝卜粒，慢火煮5分钟至食材熟烂。

5 加入三文鱼、芹菜，拌匀煮沸，加盐、鸡粉调味。

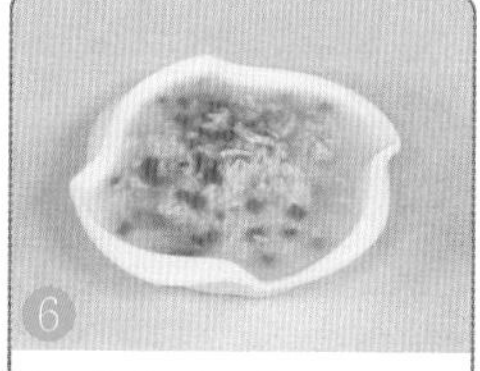

6 把煮好的粥盛出，装入汤碗中即可。

制作指导 腌渍三文鱼时，可以加入少许葱姜酒汁，能更好地去腥提鲜。

营养功效 三文鱼含有丰富的不饱和脂肪酸，是脑部及神经系统必不可少的物质，有增强脑功能、预防视力减退的功效。

五色粥

材料 玉米粒50克，青豆65克，鲜香菇20克，胡萝卜40克，水发大米100克，冰糖35克

做法

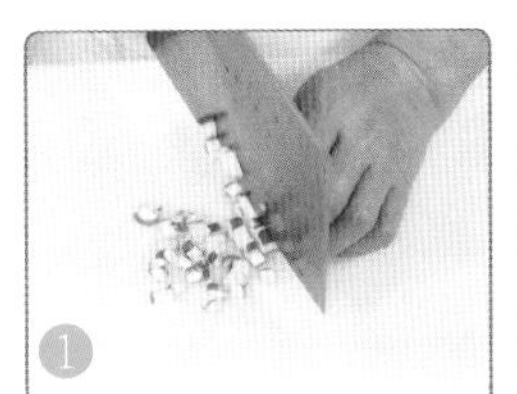

1. 洗净的胡萝卜切片，改切粒；洗好的香菇切片，改切粒。

2. 汤锅中注入适量清水，用大火烧开。

3. 倒入水发好的大米，拌匀。

4. 盖上锅盖，用小火煮20分钟，至大米熟软。

5. 倒入香菇、胡萝卜、玉米、青豆，盖上盖，小火煮熟。

6. 揭开锅盖，放入适量冰糖。

7. 搅拌匀，煮至冰糖完全溶化。

8. 将煮好的粥盛出，装入碗中即可。

鲜虾木耳芹菜粥

材料　水发大米100克，芹菜梗50克，虾仁45克，水发木耳35克，姜片少许

调料　盐3克，鸡粉2克，水淀粉、芝麻油各适量

做法　①虾仁由背部切开，去虾线，芹菜梗切粒，木耳切小块。②虾仁入碗加盐、水淀粉搅匀静置。③锅注水烧开，倒入大米，小火煮软。④放姜片和腌好的虾仁、木耳拌匀，续煮至食材九成熟。⑤倒入芹菜、盐、鸡粉、芝麻油，煮熟。⑥盛出煮好的芹菜粥即成。

制作指导　木耳泡开后用流水多冲洗几次，这样能有效去除附在其表面的杂质。

虾皮肉末青菜粥

材料　虾皮15克，肉末50克，生菜80克，水发大米90克

调料　盐、生抽各少许

做法　①洗净的生菜切丝，切粒；洗好的虾皮剁末。②锅中注入清水，用大火烧开。③倒入洗净的大米，拌匀。④下入虾皮，搅匀，烧开，用小火煮30分钟至大米熟软。⑤放入切好的肉末，搅拌匀，放入少许盐、生抽，搅匀。⑥放入切好的生菜，拌匀煮沸，把煮好的粥盛出，装入碗中即成。

制作指导　虾皮、肉末及生菜都要尽量切得碎一些，以有利于宝宝消化吸收。

鲜虾蛋粥

材料 虾仁40克，鸡蛋1个，菠菜40克，水发大米120克，葱花少许

调料 盐2克，鸡粉2克，水淀粉2毫升，胡椒粉少许，食用油适量

做法 ①洗净的菠菜切粒；用牙签挑去虾线切丁。②虾肉入碟加盐、鸡粉、水淀粉腌渍。③鸡蛋入碗打散。④锅中注入清水烧开，倒入大米，拌匀，小火煮熟。⑤倒入虾肉和菠菜，煮熟，加盐、鸡粉、胡椒粉和蛋液煮沸。⑥将煮好的粥盛出，装碗撒葱花即可。

制作指导 虾肉易煮熟，待粥煮好后再放虾仁，这样可以保留其营养成分，还能维持它的鲜嫩口感。

西蓝花蛤蜊粥

材料 西蓝花90克，蛤蜊200克，水发大米150克，姜片少许

调料 盐2克，鸡粉2克，食用油适量

做法 ①煮好的蛤蜊入碗洗净，取出蛤蜊肉。②洗净的西蓝花切小块。③砂锅注入清水烧开，倒入泡好的大米，拌匀，烧开后转小火煮30分钟至大米熟软。④放入蛤蜊肉、食用油和西蓝花，拌匀，煮3分钟至全部食材熟透。⑤加入盐、鸡粉调味，继续搅拌使其入味。⑥把煮好的粥盛出，装入碗中即可。

制作指导 煮粥时，水要一次性加够，中途不宜再加水，以免口感变差。

生蚝粥

材料 水发紫米、水发大米各80克，生蚝肉100克，姜片、香菜末、葱花各少许

调料 盐2克，鸡粉2克，料酒3毫升，胡椒粉2克，芝麻油2毫升

做法 ①洗净的生蚝肉入碗，放入姜片。②加入盐、鸡粉、料酒腌渍。③砂锅注入清水烧开，倒入大米、紫米，拌匀，烧开后用小火煮30分钟至食材熟软。④倒入腌渍的好生蚝肉，煮沸。⑤加入盐、鸡粉、胡椒粉、芝麻油调味。⑥将煮好的粥装碗，撒香菜末、葱花即可。

制作指导 由于生蚝易熟，因此生蚝入锅后不要煮太久，否则会失去其鲜美的味道。

白果肾粥

材料 猪腰150克，水发大米120克，白果40克，姜片、葱花各少许

调料 鸡粉2克，盐2克，料酒适量

做法 ①洗净的猪腰切开，去筋膜，切条，再切丁。②切好的猪腰入碗，加鸡粉、盐，料酒腌渍。③砂锅注入清水烧开，倒入大米，拌匀。④放入白果，拌匀，煮开后转小火煮30分钟至大米熟软，放入姜片和腌好的猪腰，调大火煮1分钟。⑤加盐、鸡粉，搅拌入味。⑥盛出煮好的粥，装碗撒葱花即可。

制作指导 猪腰的白色筋膜腥味很重，处理时一定要剔除干净。

百合葛根粳米粥

材料 鲜百合35克，葛根160克，水发粳米150克

调料 盐2克

做法 ①洗净去皮的葛根切小块，放在小碟子中。②锅中注入清水烧开，倒入大米，搅匀。③放入葛根块，搅拌散开。④用大火烧开后转小火煮约30分钟，至米粒变软。⑤放入百合，拌匀，用小火续煮约15分钟至食材熟透，加入盐调味，续煮一会儿至食材入味。⑥关火后盛出煮好的粥，装入碗中即成。

制作指导 粳米较硬，浸泡的时间可以稍微长一些，这样煮好的粥味道才会更软滑。

西洋参阿胶粥

材料 阿胶8克，杏仁20克，马兜铃10克，西洋参片5克，水发大米150克

调料 白糖25克

做法 ①锅中注入清水，倒入洗净的杏仁、马兜铃，拌匀。②盖上盖，烧开后转小火续煮15分钟至其析出有效成分。③揭开盖，捞出锅中材料。④倒入洗净的大米，拌匀。⑤盖上盖，烧开后用小火煮30分钟至大米熟透，放入西洋参、阿胶，搅拌2分钟，使药性完全融合。⑥将煮好的粥盛出，装碗即可。

制作指导 煮粥时，应掌握好用水量，水和米的比例以4:1为宜。

车前子绿豆高粱粥

材料 水发高粱200克，水发绿豆150克，通草、橘皮、车前子各少许

做法 ①取一隔渣袋，倒入通草、橘皮和车前子，系紧带口，制成药材袋，备用。②砂锅中注水烧开，放入药材袋。③加盖，烧开后用中火煲煮约15分钟。④揭盖，取出袋子，沥干水。⑤砂锅中倒入绿豆，拌匀，再放入高粱，拌匀。⑥加盖，烧开后用小火煲煮约30分钟，揭盖，搅拌几下，关火后盛入碗中即可。

制作指导 绿豆提前用清水浸泡可以节省煮粥的时间。

车前子山药粥

材料 水发大米170克，车前子少许，山药120克

做法 ①取一纱袋，放入车前子，系紧袋口，制成药材袋。②山药洗净去皮，切片，再切条，改切小块。③砂锅注入清水烧开，倒入大米，放入药材袋，拌匀，加盖烧开后用小火煲煮约15分钟。④揭盖，拣出药材袋，加盖，用小火煮约20分钟。⑤揭盖，倒入山药，搅拌均匀，加盖，转中小火煮约10分钟。⑥揭盖，关火后盛出山药粥即可。

制作指导 山药去皮时最好先戴上胶质手套，以免过敏手痒。

枸杞川贝花生粥

材料 枸杞10克，川贝母10克，水发花生米70克，水发大米150克

做法 ①砂锅中注入适量清水烧开。②倒入洗净的大米，搅拌均匀，使之散开。③放入洗好的花生，加入洗净的川贝、枸杞，搅拌均匀。④盖上锅盖，用大火烧开后用小火煮30分钟，至大米熟透。⑤揭开盖子，用勺搅拌片刻。⑥把煮好的枸杞川贝花生粥盛出，装入汤碗中即可。

制作指导 煮粥的时候，大米宜在水烧开后下锅，这样能节省煮粥的时间。

枸杞猪肝茼蒿粥

材料 猪肝90克，茼蒿90克，水发大米150克，枸杞10克，姜丝、葱花各少许

调料 料酒8毫升，盐3克，鸡粉3克，生粉5克，胡椒粉少许，芝麻油2毫升，食用油适量

做法 ①茼蒿切段；猪肝切片。②猪肝片加姜丝、鸡粉、料酒、盐、生粉、油腌渍。③锅注水烧开，下入大米煮熟，放枸杞。④倒腌好的猪肝和茼蒿段，煮熟。⑤加盐、鸡粉、胡椒粉、芝麻油调味。⑥盛出煮好的汤料，装碗撒葱花即可。

制作指导 猪腰不要入锅太早，以免煮老了口感不佳。

当归黄芪核桃粥

材料 当归7克，黄芪6克，核桃仁20克，枸杞8克，水发大米160克

做法 ①砂锅中注入清水烧开，放入洗净的黄芪、当归。②盖上盖，用小火煮15分钟，至其释出有效成分。③揭开盖子，捞去药渣。④放入洗好的核桃仁、枸杞。⑤倒入洗净的大米。⑥盖上盖，用小火再煮30分钟，至大米熟透。⑦揭开盖子，搅拌片刻。⑧关火后将煮好的粥盛出，装入碗中即可。

制作指导 熬粥时可以不时揭开盖搅拌几下，以防粘锅。

当归黄芪红花粥

材料 水发大米170克，黄芪、当归各15克，红花、川芎各5克

调料 盐、鸡粉各2克，鸡汁少许

做法 ①砂锅注入清水烧开，放入洗净的黄芪、当归、红花、川芎。②倒入鸡汁，拌匀煮沸，盖上盖，转小火煮约20分钟至药材释出有效成分。③捞出药材及杂质，倒入水发大米，拌匀。④烧开后用小火煮约30分钟至米粒熟透。⑤加入盐、鸡粉调味，转中火搅拌至粥入味。⑥盛出煮好的粥，装碗即成。

制作指导 捞出药材后最好等药汤沸腾后再倒入大米，这样米粒的外形更饱满。

当归马蹄粥

材料 当归10克，马蹄100克，水发大米150克

做法 ①洗净去皮的马蹄切小块。②砂锅中注入清水烧开，放入洗好的当归。③盖上盖，用小火煮15分钟至其释出有效成分，揭盖，用筷子将当归夹出。④把大米倒入砂锅中，搅拌一会儿，盖上盖，用小火煮30分钟至米粒熟软。⑤揭盖，加入切好的马蹄，拌匀，盖上盖，用小火续煮10分钟，至马蹄熟软。⑥将煮好的粥盛出，装入汤碗中即可。

制作指导 若不习惯当归的味道，可以适量少放一些。

党参猪脾粥

材料 猪脾80克，党参10克，水发大米150克，姜片、葱花各少许

调料 盐3克，鸡粉2克，料酒2毫升

做法 ①洗净的猪脾切片。②猪脾入碗，加姜片、料酒、盐、鸡粉腌渍。③砂锅注入清水烧开，倒入大米，撒上党参，拌匀，煮沸后用小火煮30分钟至米粒变软。④放入腌渍好的猪脾，搅匀，小火煮10分钟至食材熟透。⑤加盐、鸡粉调味，续煮入味。⑥盛出煮好的猪脾粥，装在汤碗中，撒上葱花即成。

制作指导 大米要泡至涨发后再使用，可缩短烹饪的时间。

党参红枣小米粥

材料 水发小米120克，红枣25克，党参15克

做法

1 砂锅煮中注入适量清水，大火烧开。

2 放入红枣和党参，拌匀。

3 倒入小米，拌匀。

4 加盖，小火煮30分钟。

5 揭盖，搅拌几下，续煮片刻。

6 盛出装入碗中即可。

制作指导 淘洗小米时不要用手搓，忌长时间浸泡或用热水淘洗小米。

营养功效 小米富含维生素B_1、维生素B_{12}等，具有防止消化不良、口角生疮、滋阴养血的功能，可以使产妇虚寒的体质得到调养，帮助她们恢复体力。

党参山药薏米粥

材料 党参15克，红枣20克，薏米40克，山药80克，水发大米120克

做法

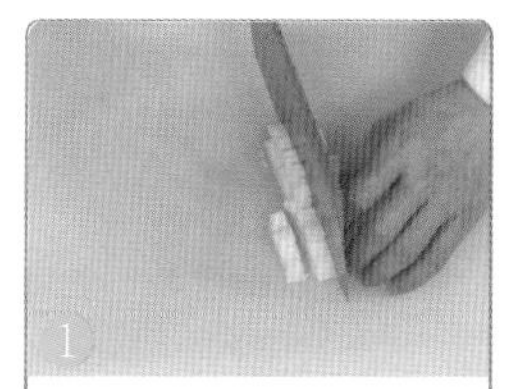

1 洗净去皮的山药切成片，再切条，改切成丁，备用。

2 砂锅注清水烧开，倒入大米、党参、红枣和薏米拌匀。

3 盖上盖，小火慢煮40分钟。

4 揭盖，放入山药，拌匀。

5 加盖，小火续煮10分钟。

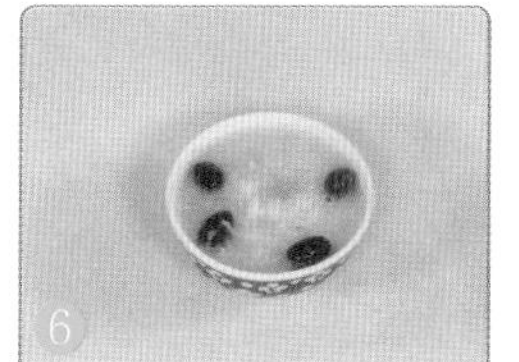

6 揭盖，盛出装入碗中即可。

制作指导 新鲜山药切开时会有黏液，极易滑刀伤手，可以先用清水加少许醋洗，这样可减少黏液。

营养功效 党参可以增强人体免疫力，提高超氧化物歧化酶的活性，增强消除自由基的能力。

麦冬红枣麦仁粥

材料 水发小麦仁200克，红枣、麦冬各少许

做法

1 砂锅中注入适量清水烧开。

2 倒入水发好的小麦仁，拌匀。

3 放入红枣、麦冬，轻轻搅拌均匀。

4 加盖，烧开后用小火煲煮约90分钟至小麦仁熟软。

5 揭盖，搅拌几下，续煮片刻。

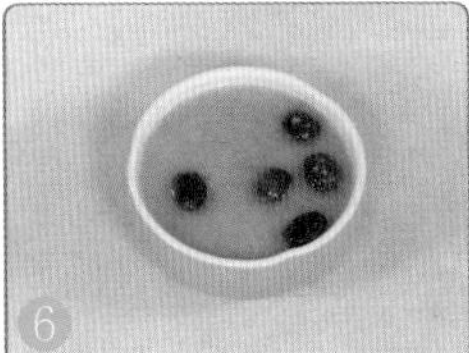
6 关火后盛出小麦仁粥，将其倒入碗中即可。

制作指导 小麦仁清洗次数不要过多，以免造成营养成分的大量流失。

营养功效 小麦仁富含蛋白质、糖类、钙、磷、铁、多种维生素、氨基酸及麦芽糖酶、淀粉酶等，有养心益肾、清热润肺、调理脾胃等功效。

人参鸡腿糯米粥

材料 鸡腿1只，人参20克，红枣15克，水发糯米150克，姜片、葱花各少许

调料 盐3克，鸡粉3克，生粉8克，料酒4毫升，食用油适量

做法

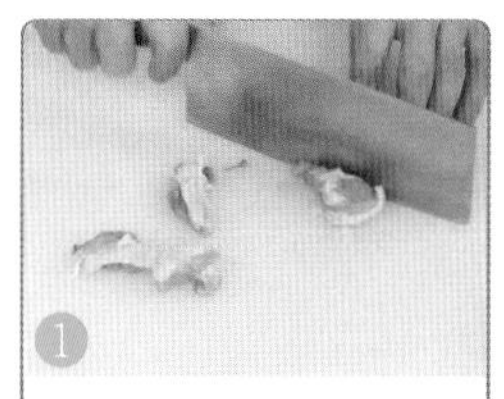

1 洗净的鸡腿去骨，将鸡肉切成小块。

2 鸡肉入碗加盐、鸡粉、料酒、生粉、食用油腌渍入味。

3 砂锅中注入适量清水烧开，倒入洗净的人参、红枣。

4 盖上盖，用小火炖煮10分钟，至其药性释出有效成分。

5 揭盖，倒入糯米拌匀，盖上盖，用小火炖煮至米粒熟。

6 揭开盖，放入姜片、鸡腿肉，拌匀，煮1分钟。

7 加入少许盐、鸡粉调味，持续搅拌，使食材入味。

8 关火后将煮好的粥盛出，装入碗中，待稍放凉后即可。

人参枸杞粥

材料 水发大米170克，人参片、枸杞各少许

做法 ①将人参片、枸杞用水清洗干净。②砂锅中注入适量的清水，用大火烧开。③倒入水发好的大米，搅拌均匀，使其松散，并用大火烧开。④倒入洗好的人参片、枸杞，轻轻拌匀。⑤加上盖子，用小火煲煮约40分钟至大米软烂。⑥揭开盖子，关火后盛出枸杞粥，倒入碗中即可。

制作指导 干枸杞可稍微泡一下，使其变软，更易于释出成分。

人参鸡粥

材料 鸡肉300克，鸡肝80克，水发大米150克，人参6克

调料 盐2克，鸡粉2克，胡椒粉、料酒各适量，食用油少许

做法 ①洗净的鸡肝切片；洗好的鸡肉切小块。②鸡肝、鸡肉入碗，加盐、鸡粉、料酒、食用油腌渍。③砂锅注入清水烧开，放入人参、大米，搅匀，小火煮熟。④放入腌好的鸡肝、鸡肉，小火续煮熟。⑤加入盐、鸡粉、胡椒粉调味。⑥盛出煮好的粥，装入碗中即可。

制作指导 可将鸡皮去除，这样煮好的粥不会太油腻。

山药南瓜粥

材料 山药85克，南瓜120克，水发大米120克，葱花少许

调料 盐2克，鸡粉2克

做法 ①洗净去皮的山药切片，再切条，改切丁。②去皮洗好的南瓜切片，再切条，改成丁。③砂锅注入清水烧开，倒入大米，拌匀，用小火煮30分钟至大米熟软。④放入切好的南瓜、山药，拌匀。⑤用小火煮15分钟，至食材熟烂，加盐、鸡粉调味。⑥将煮好的粥盛入碗中，撒上葱花即可。

制作指导 山药切好后可以放入清水中并加少许白醋浸泡，以免氧化变黑。

山药薏米红豆粥

材料 水发薏米100克，水发红豆50克，水发大米130克，山药90克，冰糖40克

做法 ①洗净去皮的山药切厚块，再切条，改切丁。②砂锅注入清水烧开，倒入洗好的大米，搅匀。③放入洗净的薏米、红豆，拌匀，盖上盖，用小火煮20分钟。④揭盖，放入山药丁，拌匀，盖上盖，用小火再煮20分钟至食材熟透。⑤揭盖，放入冰糖，拌匀，盖上盖，续煮5分钟至冰糖溶化，揭盖，搅匀。⑥盛出煮好的粥，装入碗中即可。

制作指导 薏米比较难熟，可以先用清水浸泡一晚再煮，这样可节省烹饪时间。

核桃银杏粥

材料 核桃仁20克，银杏10克，人参5克，茯苓8克，水发大米100克

调料 盐少许

做法 ①砂锅中注入适量清水烧开。②加入清洗干净的药材和核桃仁。③将洗净的大米放入锅中，搅拌均匀。④盖上盖，用小火煮30分钟至大米熟透。⑤揭开盖，加少许盐，搅拌片刻至其入味。⑥关火后盛出煮好的粥，装入碗中即可。

制作指导 粥煮好后加入少许盐，可使其口感更佳。

荷叶莲子枸杞粥

材料 水发大米150克，水发莲子90克，冰糖40克，枸杞12克，干荷叶10克

做法 ①砂锅注入清水烧开，放入洗净的干荷叶。②盖上盖，烧开后用小火煮10分钟至食材散出清香味。③揭盖，捞出荷叶，再倒入洗净的大米、莲子。④放入洗好的枸杞，拌匀。⑤盖好盖，煮沸后用小火煮30分钟，至米粒熟软。⑥揭开盖，加入冰糖，搅拌匀。⑦用大火续煮一会儿，至糖溶化。⑧关火后盛出煮好的枸杞粥，装入汤碗中即成。

制作指导 捞出荷叶时最好用细密的过滤网，这样能减少汤水中的杂质。

茯苓党参生姜粥

材料 水发大米100克，茯苓25克，党参10克，姜片少许

调料 盐2克

做法 ①砂锅中注入适量的清水烧开。②倒入备好的茯苓、党参、姜片，搅拌均匀。③再放入洗净的水发大米，搅拌均匀。④盖上锅盖，用小火煮30分钟至食材熟透。⑤加入少许盐，拌匀调味。⑥关火后盛出煮好的粥，装入碗中即可。

制作指导 煮此粥时可加点葱白，能增强生姜发汗解毒的功效。

茯苓祛湿粥

材料 水发红豆120克，白扁豆、薏米、芡实、茯苓各少许

调料 盐2克

做法 ①砂锅中注入适量清水烧开。②倒入备好的白扁豆、薏米、芡实、茯苓。③再放入红豆，搅拌匀。④盖上盖，烧开后用小火煮约40分钟至食材熟软。⑤揭开盖，加入少许盐，搅匀调味。⑥关火后盛出煮好的粥，装入碗中即可。

制作指导 薏米不易煮熟，可先泡发后再煮。

干贝苦瓜粥

材料 水发大米120克，苦瓜100克，干贝35克，姜片少许

调料 盐2克，芝麻油少许

做法 ①洗净的苦瓜去瓜瓤，再切片装碗。②砂锅注入清水烧开，倒入干贝。③再放入大米，搅匀。④撒入姜片，略微搅拌，使米粒散开，煮沸后用小火煮约30分钟至米粒变软。⑤倒入苦瓜片，拌匀，用小火续煮约5分钟至食材熟透。⑥加入盐，淋入芝麻油，拌煮入味，盛出煮好的粥，装入汤碗中即成。

制作指导 放入苦瓜片后要搅拌一会儿，使其浸入米粒中，这样可以缩短烹饪的时间。

枸杞虫草粥

材料 枸杞8克，虫草2根，水发大米180克

调料 冰糖20克

做法 ①砂锅注入适量清水烧开，倒入发好的大米。②放入枸杞和虫草。③加盖，烧开后小火煮30分钟至熟。④揭开盖子，放入冰糖。⑤拌匀，煮一会儿至冰糖溶化。⑥把煮好的粥盛出，装入碗中即可。

制作指导 枸杞、虫草先用清水浸泡一会儿，以便去除杂质。

红花白菊粥

材料 红花8克，菊花10克，水发大米150克

调料 白糖15克

做法 ①砂锅中注入适量清水烧开。②倒入洗好的大米，搅拌匀。③盖上盖，用小火煮30分钟，至大米熟透。④揭开盖子，放入洗净的红花、菊花，用勺搅拌匀。⑤盖上盖，用小火煮3分钟，至药材析出有效成分。⑥揭盖，加入适量白糖。⑦拌匀，煮至白糖溶化。⑧关火后将煮好的粥盛出，装入碗中即可。

制作指导 煮完之后可以将菊花捞出，能更方便食用。

菊花枸杞瘦肉粥

材料 菊花5克，枸杞10克，猪瘦肉100克，水发大米120克

调料 盐3克，鸡粉3克，胡椒粉少许，水淀粉5毫升，食用油适量

做法 ①处理干净的猪瘦肉切片入碗，放盐、鸡粉、水淀粉、油腌渍。②砂锅注入清水烧开，倒入大米，搅散。③加入菊花、枸杞，小火煮30分钟至米粒熟透。④倒入腌好的瘦肉片，煮1分钟至瘦肉片熟透。⑤加盐、鸡粉，搅拌入味。⑥盛出煮好的粥，装碗即可。

制作指导 猪瘦肉不要煮太久，否则口感会变差。

决明子菊花粥

材料 决明子10克，菊花10克，水发大米160克

调料 冰糖30克

做法 ①砂锅中注入适量清水烧开，倒入洗净的决明子、菊花。②盖上盖子，用小火煮15分钟，至药材释出有效成分。③揭开盖子，将煮好的药材捞出。④倒入洗净的大米，搅拌匀。⑤盖上盖，用小火续煮30分钟，至食材熟透。⑥揭开盖，加入冰糖，煮至冰糖完全溶化，将煮好的粥盛出，装碗即可。

制作指导 煮决明子和菊花时要多放些水，以免熬粥时水不够。

灵芝莲子百合粥

材料 水发大米150克，水发莲子70克，鲜百合40克，灵芝20克

做法 ①砂锅中注入适量清水烧开，放入洗净的灵芝。②盖上盖，烧开后用小火煮约20分钟，至药材释出有效成分。③揭盖，捞出灵芝。④再倒入洗净的大米、莲子、百合，搅拌匀。⑤盖好盖，煮沸后用小火煮约30分钟，至米粒熟软。⑥揭开盖，略微搅拌片刻，再用大火续煮一会儿，关火后盛出煮好的百合粥，装入汤碗中即成。

制作指导 莲子煮粥时不宜去除莲心，以免降低食材的药性。

桂圆百合茯苓粥

材料 水发大米100克，桂圆肉、鲜百合、茯苓各少许

调料 盐少许

做法 ①砂锅中注入适量清水烧开。②倒入洗净的大米，搅拌均匀，用大火煮沸。③放入备好的桂圆肉、茯苓。④盖上盖，转小火煮约30分钟至大米熟软。⑤揭开盖，倒入洗净的百合，转大火后略煮片刻。⑥加入少许盐，搅匀至食材入味，关火后盛出煮好的粥，装入碗中即可。

制作指导 煮粥时水不要加太少，以免粥太稠影响口感。

五味健脾粥

材料 白术10克，茯苓15克，淮山20克，水发白扁豆100克，水发小米90克，水发大米160克

调料 盐2克

做法 ①砂锅中注入适量清水烧开。②放入洗净的白术、茯苓、淮山、白扁豆，倒入小米、大米，用勺轻轻搅拌匀。③盖上锅盖，用小火煮约30分钟至熟。④揭开锅盖，加少许盐，拌匀调味，略煮片刻。⑤关火后盛出煮好的粥，装入碗中即可。

制作指导 药材可先用清水浸泡一会儿再煮，这样更容易释出药效。

益气养血粥

材料　水发大米95克，红枣15克，当归、黄芪、白芍各少许

调料　红糖适量

做法　1 砂锅中注入适量清水烧开。2 倒入当归、黄芪、白芍。3 加盖，烧开后用中小火煲约20分钟。4 揭盖，捞出药材，倒入红枣。5 放入大米，轻轻搅拌匀。6 加盖，烧开后用小火煮约30分钟。7 揭盖，加入少许红糖，拌匀，煮至溶化。8 关火后盛出煮好的粥，装在碗中即可。

制作指导　在煮粥时既不宜使用文火，亦不宜使用武火，需采用急火烧沸，然后立即改用微火煮熟。

薏仁党参粥

材料　薏米40克，党参15克，水发大米150克

做法　1 砂锅中注入适量的清水，用大火烧开。2 揭开盖子，放入洗净的党参、薏米、水发大米，轻轻搅拌均匀。3 盖上锅盖，煮沸后，改用小火续煮约40分钟，至全部食材熟透。4 揭开锅盖，搅拌均匀，再略煮片刻，至粥浓稠。5 关火后盛出煮好的薏仁党参粥，装入碗中即可。

制作指导　煮此粥，也可用温水代替清水，可使食材更快熟透，节省时间。